FISCHER

Ein Herz und eine Schnauze: Die junge New Yorkerin Lauren und ihre Hündin Gizelle waren sieben Jahre unzertrennlich. Beste Freundinnen, Vertraute und Familienersatz. Als Lauren erfährt, dass ihr geliebter Hund Knochenkrebs hat, bricht eine Welt für sie zusammen. Den beiden bleibt nur noch kurze Zeit, und Lauren erstellt eine Liste mit Dingen, die sie noch gemeinsam erleben wollen: eine Kanufahrt à la Walt Disney, einen Hummer essen, mit Jungs flirten, in den frühen Morgenstunden auf dem Times Square spazieren gehen …

Als Lauren die Liste im Internet postet, verbreitet sie sich wie ein Lauffeuer um die Welt – und Lauren beschließt, die ganze Geschichte dieser außergewöhnlichen Freundschaft zu erzählen.

Lauren Fern Watt, Jahrgang 1989, ist Autorin, Bloggerin und Reisejournalistin. Aufgewachsen in Nashville, ging sie mit 23 Jahren nach New York, wo sie sich ein Miniapartment mit ihrer riesigen Mastiff-Hündin teilte. Nach dem Tod von Gizelle zog sie nach L. A. Mehr Infos unter: http://laurenfernwatt.com/
@lfernwatt

Weitere Informationen finden Sie auf www.fischerverlage.de

Lauren Fern Watt

Eine Liebe so groß wie du

Wie ich eine Wunschliste für meine
todkranke Hündin schrieb, mit Dingen,
die wir gemeinsam noch erleben wollten

Aus dem Amerikanischen von
Johanna Wais

❖ | FISCHER

MIX
Papier aus verantwor-
tungsvollen Quellen
FSC® C083411

Erschienen bei FISCHER Taschenbuch
Frankfurt am Main, September 2017

Die amerikanische Originalausgabe erschien 2017
unter dem Titel ›Gizelle's Bucket List‹
bei Simon & Schuster, New York.
© 2017 by Lauren Fern Watt

Für die deutschsprachige Ausgabe:
© 2017 S. Fischer Verlag GmbH,
Hedderichstr. 114, D-60596 Frankfurt am Main

Published by Arrangement with Tana Lauren Fern Watt.
Dieses Werk wurde vermittelt durch die
Literarische Agentur Thomas Schlück GmbH, 30827 Garbsen.

Satz: Pinkuin Satz und Datentechnik, Berlin
Druck und Bindung: CPI books GmbH, Leck
Printed in Germany
ISBN 978-3-596-03537-3

Für meinen Dad,
der mir beigebracht hat »dranzubleiben«.

Inhalt

Vorbemerkung der Autorin

BEIM SCHREIBEN dieses Buches habe ich auf persönliche Notizen zurückgegriffen, mit Freunden und Familienmitgliedern gesprochen und mir immer wieder Erinnerungen an die Zeit ins Gedächtnis gerufen, in der ich mit Gizelle, meinem sehr großen Hund, erwachsen wurde. Das Buch umfasst etwa sieben Jahre meines Lebens, also habe ich die für die Geschichte wichtigen Ereignisse herausgegriffen und andere weggelassen. Zum Schutz der Identität der Personen in diesem Buch wurden manche Namen und Charakteristika geändert.

Prolog

MEIN WECKER KLINGELTE. Ich griff nach dem Handy, um den Alarm auf Schlummern zu stellen, und sank zurück in die Kissen. Es klingelte erneut. Mit einem halb geöffneten Auge drückte ich auf dem Bildschirm herum. »Scheiße, Scheiße, Scheiße!«, rief ich, schnappte mir mein Laufshirt von einem Stapel Klamotten, schlüpfte in meine Laufschuhe und stürzte aus der Tür.

Ich rannte zur U-Bahn Astor Place, nahm die Bahn zum Central Park und raste zum Registrierungszelt bei den Baseballfeldern. Bereits außer Atem kam ich dort an, nur um auf eine Frau mit langen roten Fingernägeln zu treffen, die die Augenbrauen hochzog und sagte: »Süße, du bist fünfundzwanzig Minuten zu spät.«

»Aber das ist einer meiner Qualifizierungsläufe für den New York City Marathon«, erklärte ich bittend. »Ich *muss* diesen Lauf machen. Bitte, *bitte*, lassen Sie mich laufen!«

Sie legte die Hände auf den Plastikbehälter mit den Startnummern. »Das Rennen ist vorbei.«

Als ich das Zelt verließ, stiegen mir Tränen in die Augen. *Nicht weinen. Nicht weinen, Lauren. Nicht hier. Nicht im Central Park.* Aber ich konnte nichts dagegen tun. Ich musste nur einmal blinzeln, und schon flossen die Tränen.

Ich ging weiter bis zum Bethesda-Brunnen, wo Gizelle und ich immer die Paddelboote auf dem Teich beobachtet hatten. Sie hatte da schon Probleme mit ihrem linken Hinterlauf gehabt. Die Treppen zu meiner Wohnung waren zu viel für sie, weshalb zwei Freunde, die in Maine in einem einstö-

ckigen Haus lebten, angeboten hatten, Gizelle für ein paar
Wochen zu sich zu nehmen. So konnte ich in die Stadt zu-
rückkehren und weiter arbeiten. Aber ich fühlte mich einsam
ohne Gizelle. Caitlin und John sagten, es gehe ihr gut und sie
ruhe sich aus. Sie nahm brav ihre Medikamente und würde
bald wieder nach New York kommen, wenn es ihr besser-
ging. Zumindest hoffte ich das. Aber ich war mir nicht sicher.
Jedes Mal, wenn ich an ihr Hinken dachte, überkam mich
eine schreckliche Angst. Ich atmete tief durch und wischte
mir das Gesicht mit meinem Shirt vom Brooklyn-Halbmara-
thon ab. *Okay, Lauren, nur weil du das offizielle Rennen verpasst hast, heißt das nicht, dass du auf dein eigenes verzichten
musst. Du kannst die Meilen trotzdem laufen.* Ich schüttelte
mich und joggte los, rannte die Treppen hinauf, zwischen
den Bäumen hindurch und um die Alice-im-Wunderland-
Statue herum. Ich umrundete den Ententümpel, sprintete
quer durch den Central-Park-Zoo und trabte die Fifth Avenue entlang.

Ich lief weiter. Die Hitze des New Yorker Asphalts stieg an
meinen Beinen hoch. Der Tag war zu heiß, als dass Gizelle
hätte mit mir laufen können. Trotzdem stellte ich sie mir an
meiner Seite vor. Wenn ich die Augen schloss, konnte ich fast
das Trappeln ihrer Pfoten hören.

Ich rannte weiter die Fifth Avenue hinunter, wich den für
einen Samstag in Manhattan üblichen Menschenmassen aus
und fühlte mich mit jedem Schritt besser.

Ich lief zur Seventh Street, überquerte die Avenue A und
überlegte, ob ich noch ein, zwei Meilen in Richtung East-
River-Promenade dranhängen sollte. Stattdessen blieb ich vor
meiner Wohnung stehen und stützte die Hände auf die Knie.
Ausatmen. Ausatmen. Ausatmen. Ich holte das Handy aus
dem Laufarmband und bemerkte, dass ich drei Anrufe ver-

passt hatte. Außerdem hatte ich eine Mailboxnachricht von Caitlin. Ich sollte sofort zurückrufen, es ging um Gizelle. Außer Atem stieg ich die Treppen zu meiner Wohnung hinauf. *Vielleicht hat Caitlin eine Frage wegen Gizelles Futter oder der Medikamente?* Die Tierärztin hatte dafür gesorgt, dass in der Apotheke in Kittery welche nachbestellt wurden. Vielleicht gab es ein Problem mit der Abholung. Mein Gesicht war gerötet von meinem Siebenmeilenlauf, ich hatte noch die Laufschuhe an, und mein Herz schlug schnell.

Ich schloss die Wohnungstür auf, sah auf Gizelles leeres Bett, dann auf das Telefon und versuchte, meinen Mut zusammen-zunehmen, um anzurufen. *Tu's einfach, Lauren. Es wird schon alles in Ordnung sein.*

Wie plötzlich Gizelle in mein Leben gekommen war – damals, an einem Sommertag in Tennessee vor sechs Jahren. Als meine Eltern noch zusammen waren, ich noch nicht in New York lebte und auch noch nicht joggte. Wie schnell Gizelle meine beste Freundin und noch viel mehr geworden war.

Ich wählte die Nummer.

TEIL I
Verzaubert

1
Ein großer Welpe

WIR VERSICHERTEN UNS gegenseitig, wir würden nur *gucken.*
Mom und ich parkten vor dem CVS-Drugstore auf der Franklin Road. Um zehn Uhr morgens war die Luft bereits feucht in Brentwood, dem Vorort von Nashville, in dem ich aufgewachsen war. Durch die Windschutzscheibe hätten wir eine Reihe von Bäumen sehen können, aber wir steckten die Köpfe in die Anzeigenseiten des *Tennessean* und stöberten in unserer Lieblingssparte: bei den Welpen.

Wir hatten eigentlich keinen Grund, dort zu gucken. Wir besaßen bereits zwei Hunde, Yoda und Bertha, ganz zu schweigen von einer Reihe anderer Viecher und diesem Familienproblem, das ein neuer Welpe wohl auch nicht lösen würde.

»Labrador?«, schlug ich vor und biss in meinen Bagel mit allem.

Mom schüttelte den Kopf, ebenfalls mit vollem Mund. Sie gestikulierte mit dem Daumen nach oben. *Größer!*

»Coonhound?«

»Hm.« Sie überlegte. »Ist der nicht das Maskottchen der UT oder so, Süße?« Sie hatte recht. Der schlappohrige, sabbernde Coonhound war das Maskottchen der Vols, des Football-Teams der University of Tennessee, an der ich im Herbst mein Studium beginnen würde. Vielleicht wirkte das ein bisschen überangepasst für eine neue Studentin, sich gleich das Maskottchen der Uni zuzulegen. Wir hatten beide denselben Gedanken, sahen uns an und lächelten.

Seit ich diesen Sommer nach Hause gekommen war, hatte Mom eine neue Vorliebe für persönliche Gespräche am Mor-

19

gen entwickelt und schlug mehrmals in der Woche vor, etwas bei Starbucks oder beim Bäcker zu holen: Bagels und irgendein super süßes Kaffeegetränk zum Mitnehmen. Dann parkten wir nur ein paar Meilen von unserem Küchentisch zu Hause entfernt, so dass wir »reden« konnten. Nur wir beide.

Was meine Mutter anging, bestanden unsere Gespräche hauptsächlich darin, dass sie sich entschuldigte und allen weismachte, es gehe ihr »hundertprozentig gut«. Dann senkte sie den Blick und wartete darauf, dass ich wie üblich antwortete: »Ist schon gut. In Ordnung! Ich glaube dir ja.« Und dann wechselten wir das Thema – auch wenn nichts in Ordnung war und ich nicht mehr sicher war, was ich glauben sollte.

Mom war meine beste Freundin, natürlich wollte ich ihr glauben. Sie legte mir Botschaften in meine Brotdose, bis ich meinen Highschoolabschluss machte (manchmal sogar mit Glitzerkonfetti), erzählte uns, Meerjungfrauen gäbe es wirklich und kaufte meiner kleinen Schwester Erisy und mir Klamotten, die wir nicht brauchten. »Sagt es nicht Daddy«, flüsterte sie dann immer mit ihrer sanften, hohen, trällernden Stimme (die ich von ihr geerbt habe), wenn sie uns mit Einkaufstüten in unsere Zimmer scheuchte. Sie ging alles so an, als müsse es Spaß machen, und wenn irgendein Detail im Leben nicht aufregend war, sorgte sie dafür, dass sich das änderte.

An diesem Samstagmorgen leuchtete das Gesicht meiner Mom, so sehr war sie im Welpenfieber. Wir saßen im geparkten Auto. Trotzdem fühlte es sich so an, als wären wir in Bewegung. Mein Frappuccino schwitzte im Becherhalter, Moms Gedanken rasten. Sicher überlegte sie, wie sie den gestrigen Abend wieder gutmachen konnte. Sie drehte den Kopf und sah mich an.

»Weißt du, was *wir* heute machen?« Sie lehnte sich zu mir herüber. »Ich finde, wir brauchen einen neuen Welpen.«

Sie nahm einen Schluck von ihrem Kaffee. »Ich möchte dir wirklich gern einen großen Hund kaufen. Wir sind Große-Hunde-Ladys. Du solltest *unbedingt* einen großen Hund haben, Süße.« Ich wusste nicht, was sie damit meinte, aber es war mir egal. Ich legte den Bagel auf das Armaturenbrett und ließ den Frappuccino schmelzen.

Wir breiteten den Anzeigenteil aus, drapierten das gräuliche Papier über unsere Beine und das Armaturenbrett.

Deutscher Schäferhund?

Aktiv und sportlich, das wäre super. Aber verstanden die sich mit anderen Hunden? Wir mussten an Yoda und Bertha denken.

Golden Retriever?

Schöne Hunde, aber wir dachten eher an einen, na ja, richtig *großen* Hund.

Pyrenäenberghund …

Oh! Definitiv groß, aber vielleicht zu haarig?

Boxer?

Mit Boxern kannten wir uns sehr gut aus, wir hatten zwei geliebt und verloren, als ich noch jünger war.

In dem Moment, als wir schon die Nummer für einen Husky-Labrador-Mischling wählen wollten, bohrte Mom einen Finger in die Zeitung und drückte sie tief in ihren Schoß.

»ENGLISH-MASTIFF-WELPEN!«

Es gibt einen Spruch in der Mastiff-Welt: »Was ein Löwe im Verhältnis zu einer Katze ist, ist der Mastiff für den Hund.« Mastiffs sind stark, sanftmütig und bekannt für ihre Treue. Außerdem sind sie die größten Hunde, die es gibt. Ein Old English Mastiff namens Aicama Zorba stellte mit knapp drei-hundertfünfzig Pfund den Rekord für den größten Hund der Welt auf. Das entspricht einem kleinen Esel. Kein Wunder, dass die alten Griechen und Römer den Mastiff als Kriegshund verwendeten. Mastiffs kämpften sogar im Kolosseum an der Seite der Gladiatoren. Irgendwann bekam die Rasse den Spitznamen »Sanfter Riese«, denn das sind sie: gutmütige, ruhige, freundliche Kolosse.

Mom stellte ihr Handy auf laut. Ich war so aufgeregt, dass ich fast den Atem anhielt. Ich hoffte, jemand würde ans Telefon gehen.

»Hallo?« Eine Frau meldete sich. Sie hatte einen starken Südstaatenakzent. Das Wort »hello« klang wie »yellow.«

Mom fragte, ob sie ein Weibchen hätten.

Ja.

Ein gestromtes?

Ja.

Ob wir uns die Welpen heute einmal angucken *(angucken)* könnten?

Ja.

Jetzt gleich vielleicht?

Ja.

Gegen jede Vernunft fuhren wir also auf den I-65, um mal zu *gucken.*

Unser Zuhause war schon immer eine Art Zoo gewesen. Mein Bruder, meine Schwester und ich hatten jedes Haustier, das ein Kind sich wünschen konnte: mit Fell, mit Federn, glitschige, mit Panzer und sogar eins, das *oink* machte.

Wenn es ein Tierliebhaber-Gen gibt, dann habe ich es von meiner Mom geerbt. Als ich klein war, bin ich angeblich nach jedem Regen den Bürgersteig auf und ab gelaufen und habe Regenwürmer gerettet, indem ich sie wieder auf die Erde legte, damit sie nicht austrockneten. Das klingt extrem, ist aber nichts im Vergleich zu meiner Mutter.

Als Mom noch ein Mädchen war (erzählte sie mir), bestellte sie Krokodile aus einem Katalog und legte sie in die Badewanne ihres Vaters.

»Können wir *auch* Krokodile bestellen?«, bettelte ich als Kind.

»Nein, Süße. Das ist in Wirklichkeit gar nicht so angenehm für die Tiere. Aber das wusste ich damals nicht.«

Ich glaube, es ist keine große Übertreibung, wenn ich sage, dass meine Mom über fünfzig Jahre lang Tiere nach Hause gebracht hat. Meistens ohne zu fragen. So haben wir auch unsere beiden Hunde Yoda und Bertha bekommen: aus der Zeitung und aus einer Laune heraus. Yoda war unser Chihuahua. Mein älterer Bruder, Tripp, bezeichnete sie als Ratte. Gut, sie war nicht größer als ein Meerschweinchen und hatte nur fünf Zähne, aber ich liebte sie. Yodas beste Hundefreundin war Bertha, unsere Englische Bulldogge, die eher wie eine Kreuzung aus gestrandetem Seeelefant und Schwein aussah. Sie hatte einen lustigen rosafarbenen Schwanz, der sich aufrollte wie eine Zimtschnecke. Deswegen nannten meine Geschwister und ich sie Cinnabum. Irgendwann gab ihr jemand den Spitznamen Fatty, und den wurde sie nicht mehr los. Fatty bewegte sich am liebsten gar nicht, hatte furchtbare Tischmanieren und schnarchte laut genug, um die Nachbarn zu wecken. Trotzdem saß ich an Sommerabenden in unserem Garten und sang über das Zirpen der Grillen im nahegelegenen Wald hinweg »You Are So Beautiful« für sie. Fatty war Dads Liebling.

Man weiß ja von Paaren, die ein Baby bekommen, weil sie glauben, das würde irgendwie ihre Ehe retten. Vielleicht hat Mom in diese Richtung gedacht, als sie an jenem Tag beschloss, dass wir einen dritten Hund bräuchten. *Ein neuer Hund ist ein neuer Anfang!* Alles auf Start.

Also, auf ging's …

Zwei Stunden später fuhren wir in Sparta ab und über einen langen Wirtschaftsweg zu einem kleinen weißen Haus. Aus dem Garten dröhnte ein tiefes Bellen.

Eine Frau öffnete die Fliegengittertür.

»Kommt ihr wegen der Mastiff-Welpen? Hier lang«, sagte sie und zeigte nach hinten.

Wir folgten ihr zur Rückseite des Hauses, liefen dem tiefen Gebell entgegen. Eine lange Reihe dunkler, scharfer Wuffs, unterbrochen durch Pausen.

Ich begann mich zu fragen, ob das wirklich eine so gute Idee war. Ich ärgerte mich, dass Mom mich überredet hatte, diese wahrscheinlich ziemlich lächerliche Tour mit ihr zu machen. Glaubte sie wirklich, sie könnte ihre schlampige, betrunkene Schimpferei vom Vorabend vergessen machen, indem sie mir einen Welpen holte? Als müsse sie nur ein Pflaster über alles kleben? Die Entscheidung für einen Welpen ist nicht unerheblich. Eine *Familien*entscheidung. Sollten wir nicht zuerst mit Dad darüber sprechen? Schuldgefühle überkamen mich, als ich mir vorstellte, wie meine Eltern sich noch konsequenter ignorierten, weil Mom und ich ein weiteres Tier nach Hause gebracht hatten.

Wir betraten den Garten, und Mom drückte aufgeregt meine Hand. Das Bellen wurde lauter. »Ach, das ist bloß Dozer!« Die Frau klatschte eine Fliege aus ihrem Gesicht. »Stört euch nicht an dem Gebell, sie ist sanft wie ein Lamm.« So ein Bellen hatte ich noch nie gehört. Es war gewaltig, laut und unheilvoll, als wüsste die Hündin genau, warum wir gekommen waren. Mir wurde schwer ums Herz. Wir gingen weiter, bis wir ein kleines Gehege aus Maschendraht erreichten.

»Es sind noch zwei Jungen und zwei Mädchen da«, sagte die Frau. In dem Gehege befand sich ein Knäuel zuckersüßer Mastiff-Welpen. Ihre Köpfe hatten die Größe von Grapefruits und ihr Fell wies ungleichmäßige schwarze Streifen auf. Ansonsten waren zwei von ihnen schokobraun, die anderen beiden etwas heller, eher sandfarben. Durch die dunkle Maserung ihrer Gesichter sah es aus, als würden sie schwarze Masken tragen. Ein Welpe hatte einen kleinen weißen Fleck auf der Brust. Mit ihren Kugelbäuchen und dicken Schwänzen tapsten sie durchs Gras und balgten sich spielerisch.

Ich stieg über den Zaun, setzte mich ins Gras und versuchte mich zu entspannen. Mom setzte sich im Schneidersitz neben mich, und als die Welpen auf uns herumkletterten, zog sich ein breites Lächeln über ihr Gesicht. Wir trommelten sanft mit den Fingern auf ihren Bäuchlein und ließen sie an unseren Schnürsenkeln knabbern. Mom steckte ihre Nase in ihre Rücken, küsste ihre großen Köpfe und sagte jedem einzelnen Welpen, er sei das Süßeste, was sie je gesehen habe. Ich atmete tief durch. Ich spürte, wie ich meiner Mutter gegenüber langsam weicher wurde. Vielleicht war unser Ausflug doch keine so schlechte Idee. Das Gras war so trocken wie Heu, aber dazwischen wuchs überall gelber Löwenzahn. Wenn ich die Augen schließe und an diesen Tag denke, sehe ich genau das: Gelben Löwenzahn und einen gestromten Welpen. Meinen Welpen.

Die Dame bückte sich, nahm den Welpen hoch und drehte ihn auf den Rücken, um das Geschlecht festzustellen. »Das hier ist ein Mädchen«, bestätigte sie und ließ ihn in meinen Schoß plumpsen. Ich hielt den Welpen mit meinen Händen unter seinen Achselhöhlen ausgestreckt vor mich. Die Hautwülste legten sich über meine Finger. Für mich war dieser gestromte Wonneproppen ganz offensichtlich ein Mädchen; ich wunderte mich fast, dass die Frau nachgucken musste. Ich starrte der Kleinen in die Augen, und sie starrte zurück. Ihre runzlige, schwarze Stirn und ihre schrägen Augen verliehen ihr einen besorgten Ausdruck, fast ein wenig traurig, aber mir war klar, dass das täuschte, denn sie wedelte mit dem Schwanz. Sie war hübscher als eine Blume. Das Welpenmädchen streckte den faltigen Hals und knabberte an meiner Nase – ganz sanft, vorsichtig und gezielt –, so dass ihre scharfen Zähne mich kein bisschen verletzten.

Mom drückte mein Knie. »Lauren. O Gott. Wir *müssen* sie nehmen! Ist sie nicht unglaublich? Willst du sie haben?«, fragte sie und musterte mich. Dozer bellte immer noch, und aus dem Augenwinkel sah ich sie hinter einem Metallgatter etwa zehn Meter von uns entfernt. Ihr Kopf war so groß wie der von Darth Vader, und wenn sie bellte, flog schaumiger Sabber von ihrem Mund an den Zaun.

Ich hielt den warmen Köper der Kleinen an mein Gesicht, und sie leckte mir die Wange. Der ganz besondere Geruch ihres Welpenatems machte mich endgültig schwach. Ich wollte nur noch Ja sagen.

»Mom, ich liebe sie.« Das stimmte. Aber ein Teil von mir wollte trotzdem sagen: *Lass uns noch einmal darüber nachdenken.* Doch ich wusste, wenn wir diesen süßen Welpen heute nicht mitnahmen, würde ich ihn nie wiedersehen. In den Augen meiner Mutter leuchtete verzweifelte Hoffnung. »Ich *möchte*, dass du sie bekommst, Süße. Es würde mich so glücklich machen, sie dir zu schenken. Bitte *lass* mich sie dir schenken.«

Damals begriff ich unsere familiäre Dynamik noch nicht so recht, und ehrlich gesagt – wen interessiert es, ob er manipuliert wird, wenn er einen Welpen im Schoß hat? Ich hätte Dad anrufen und fragen können, aber der hätte gesagt, dass ein spontaner Welpenkauf aus der Zeitung nicht nach der allerbesten Idee klang. (Und er hat recht. Bitte kauft Welpen nicht wie wir aus einer Laune heraus. Denkt darüber nach, bevor ihr euch einen Hund anschafft.)

Der warme Welpe knabberte wieder an meiner Nase und leckte mir über ein Auge und den Mund. Ich schob meine Sorgen beiseite und schloss die Tür zu dem Teil meines Gehirns, der sagte: *Bedenke die Konsequenzen!*

»Ja! Wir nehmen sie!«

Mom gab der Frau hundertfünfzig Dollar in bar, fuhr dann schnell zum Geldautomaten an einer Tankstelle, um weitere zweihundertfünfzig Dollar abzuheben, und schrieb schließlich noch einen Scheck über dreihundert Dollar. Auf diese Weise bezahlten wir viele unserer Spontankäufe. Ich legte mir meine neue Freundin über die Schulter, dankte der Frau vielmals, warf einen letzten Blick hinüber zu Dozer, und daraufhin fuhren wir zurück nach Brentwood, um ein großes Familienmitglied reicher.

»Wie sollen wir sie nennen?«, fragte Mom im Auto.

Ich wollte ihr einen süßen, mädchenhaften Namen geben, keinen Traktornamen, wie ihre Mom ihn hatte.

»Sie ist eine echte kleine Dame, eine Prinzessin«, sagte ich und drückte sie an mein Gesicht.

»Wie wär's mit Bitte-Dad-darf-ich-bleiben?«, schlug Mom lachend vor, streckte die Hand aus und streichelte die Ohren des Welpen.

Die Kleine fühlte sich so richtig an auf meinem Schoß. Ich betrachtete sie und konnte kaum glauben, dass dies wahr war. Jahre später erkannte ich diesen Blick wieder in der Art, wie einige meiner Freundinnen ihre funkelnden Verlobungsringe ansahen, wenn für sie ein neues Leben begann, ein neues Abenteuer. So fühlte ich mich mit meinem Hund auf dem Schoß, als ich ihm in die glänzenden, von winzigen Wimpern umrandeten Augen blickte. Ich fühlte mich wie verzaubert.

Moment mal. *Enchanted.* (Kann sein, dass ich das Disney-Musical eine Million Mal gesehen habe.)

Giselle.

»Mom! Wie wär's mit Giselle? Wie die Prinzessin aus *Verwünscht*?« Giselle klingt so lustig, und abgeleitet von einer liebenswerten, naiven Filmfigur schien der Name für diesen unschuldigen Welpen perfekt zu sein.

»Ja! Das ist es. Ich find's toll!«, jubelte Mom. Wir beschlossen, es mit Z zu schreiben, für den besonderen Dreh.

»Hallo, Gizelle, hallo, Mädchen!«, gurrte ich und wiegte sie in den Armen wie eine Puppe. (Eine kräftige, Mops-große Puppe mit langen Beinen.) »Aber was sagen wir Dad?« Ich kraulte Gizelles Halsfalten. Eigentlich war ich mir sicher, er würde nicht sauer sein wegen des neuen Welpen. Dad war der gutmütigste Mensch, den ich kannte. Wahrscheinlich würde er bloß nicken, als wollte er sagen: *Klar haben sie noch ein Tier mit nach Hause gebracht.* Und dann würde er sich um besagtes Tier kümmern, wie er es immer tat, mit einem leisen Groll. Aber der würde bald vergessen sein. Trotzdem wollte Mom, dass wir uns etwas ausdachten, um Dad zu beruhigen, nur für den Fall. Irgendetwas, das den Schock über den neuen Welpen etwas milderte. (Den neuen Welpen, der zufällig von der größten Hunderasse der Welt abstammte.) Also schmiedeten wir einen Plan.

Wir fuhren die lange Auffahrt zu unserem Backsteinhaus auf dem Hügel hinauf. Ich ging zuerst hinein. Dad übte im Wohnzimmer vor dem Fernseher Golfschläge. Wie geplant, begrüßte ich ihn und erklärte, ich hätte einen Welpen vom nahegelegenen Tierasyl Noah's Ark Animal Hospital gerettet. Ich sagte, die Adoption sei kostenlos und ich hätte die Hündin nur zur Pflege, bis man ein neues Zuhause für sie gefunden habe. Ich konnte sie nicht einfach dort lassen, wo man sie eingeschläfert hätte! Was für ein Glück, dass ich sie im letzten Augenblick gerettet hatte! Was für ein Wunder!

Dad betrachtete mich verwirrt, den Schläger noch in der Hand. Sonst gab er ihn mir immer und sagte:»Los, Fernie, zeig mal deinen Aufschwung. Er hat sich wirklich verbessert dieses Jahr!« Aber diesmal nicht. Nicht heute. Stattdessen starrte er hinunter auf die riesigen Pfoten des Welpen in meinen Armen – dabei bemühte ich mich, den niedlichen Kopf mit den herzerweichenden Augen so zu positionieren, dass ihre Wirkung am besten zur Geltung kam. Dann sah Dad wieder zu mir. Er sagte nicht verärgert: *Auf gar keinen Fall. Wir haben schon zwei Hunde und einen Fisch; Mom bringt zu viele Tiere nach Hause. Bring sie sofort wieder dorthin zurück, wo du sie her hast!*, wie es die meisten Eltern meiner Freunde getan hätten. Er sagte auch nicht: *Ja, okay, wir pflegen sie, bis sie in ihr endgültiges Zuhause kommt! Jeden Tag eine gute Tat.* Das Einzige, was er sagte, war:»Okay«, wobei er die zweite Silbe wie bei einer Frage in die Länge zog. Und als er die Augen zusammenkniff und den Mund öffnete, um noch etwas zu sagen, plapperte ich schnell dazwischen:»Wir behalten sie auch nicht lange!« Hatte ich einmal damit begonnen, Dad anzulügen, konnte ich mich nicht mehr bremsen. Eine Sekunde lang hörte ich schwach eine Stimme in mir flüstern: *Pssst! Hör auf!*, aber ich sagte ihr, sie solle die Klappe halten, es sei richtig, dass wir den Welpen behielten, und ich würde alles tun, damit es gut lief.

2
Schwesternschaft

Lauren mit Yoda, Bertha und Gizelle

Einen Monat später lagen Gizelle und ich mit den Gesichtern zueinander auf dem kalten Küchenfußboden. Ich hatte einen Arm um sie gelegt, sie alle vier Pfoten gegen meinen Bauch gedrückt. Yoda funkelte uns von einem Stuhl aus an. Bertha kam hereingestapft und suchte schnaubend nach Krümeln. Gizelles Augen zuckten, sie träumte irgendetwas, und auch ich war kurz davor, einzunicken.

»Wie groß wird dieser Hund eigentlich?« Dads Stimme ließ mich hochschrecken. »Täusche ich mich, oder wächst sie wirklich ziemlich schnell?« Mit einem Blick nach unten machte er einen großen Schritt über Gizelle und mich hinweg.

Ich stand auf, um sie mir anzusehen. Sie wog rund zweiundzwanzig Kilo, und wenn ich ehrlich war, sah sie mehr wie ein ausgewachsener Labrador aus als wie ein dreieinhalb Monate alter Welpe. »Ach, bestimmt nicht so groß, Dad. Man kann sie immer noch ganz leicht hochheben.« Ich beugte mich über sie, um sie hochzuheben und zu zeigen, wie leicht das ging, wickelte die Arme um ihren seidigen Bauch und versuchte sie vor den Augen meines Vaters zu heben, aber einen Moment lang bewegte sie sich gar nicht. Ich kniete mich hin und probierte es noch einmal aus der Kraft meiner Beine heraus, aber Gizelle war so schwer zu heben wie ein Wasserkanister. Ich stellte die Füße so weit auseinander wie möglich, spannte die Bauchmuskeln an, stemmte die Zehen in den Boden, *eins, zwei, drei, hopp!* Ich grunzte erbärmlich, als ich sie endlich vom Boden hochbekam. *Uff.* Ihre Vorderpfoten baumelten vor mir, und ich musste mein Becken vorschieben, um nicht das

Gleichgewicht zu verlieren. Aber ich hielt sie. Ich konnte sie hochheben. Dad kniff die Augen zusammen.

»Wie lange behalten wir den Welpen denn noch?«

»Och, nicht mehr lange.«

Ich hatte Mühe, die Worte herauszubekommen.

»Nicht mehr lange« bedeutete in meinem persönlichen Wörterbuch natürlich für immer und ewig. Und mein dämliches Teenager-Ich glaubte tatsächlich, Dad würde sich in den niedlichen »Pflege«-Welpen verlieben, sich damit einverstanden erklären, ihn zu behalten, und nie mehr irgendeine Frage stellen. Ich ignorierte die Realität. Darin war ich echt gut.

Als wir Gizelle nach Hause brachten, glaubte ich fest daran, dass sie ein Zeichen für die Reue meiner Mutter war, dafür, dass sie diesmal die Verantwortung übernehmen, einen Entzug machen und trocken werden würde. Ein paar Tage lang war sie wieder mehr wie die Mom aus meiner Kindheit – diejenige, die morgens als Erste aufstand, die Hunde fütterte, Toasts machte und Obst zu lächelnden Gesichtern arrangierte. Sie war mit mir im Garten zum »Kleine-Hunde-Haufen-Sammeln«, wie sie es nannte, und lachte und witzelte herum, während sie mir half, die stinkende Hundekacke aufzusammeln.

Aber als wir uns an Gizelle gewöhnt hatten und ihr Neuigkeitswert verblasste, während die Pflichten, die solch ein neues Familienmitglied mit sich bringt, in den Vordergrund traten, schlief sie wieder. Lange. Manchmal ging sie zusätzlich früh zu Bett – früh heißt: noch bei Tageslicht. »Mir ging es nicht gut. Habe letzte Nacht nicht gut geschlafen, meine Süßen. Das Grippemittel hat mich echt umgehauen!« Sie lieferte ständig Ausreden, und es war schwer zu sagen, was davon stimmte und was nicht.

Dann fand ich sie eines Tages völlig weggetreten auf unserem großen blauen Jeanssofa, die Wange in ein Kissen gedrückt, der Mund weit offen, ein Arm baumelte herab, die Fingerspitzen berührten den Boden. Fast sah es aus, als wäre sie so hingefallen. Yoda schlief auch, an Moms Brust und in den anderen Arm gekuschelt. Das Telefon klingelte. Ein ersticktes Läuten, das unter Mom und Yoda hervordrang. Moms Wange bewegte sich nicht vom Kissen weg, aber ihre Augen zuckten.

Sollte ich sie wecken? Sie zwingen, sich zusammenzureißen, bevor Erisy und Dad nach Hause kamen? Erisy hasste es, Mom so zu sehen. Aber wenn ich sie weckte, hatte ich sie am Hals. Das Telefon läutete wieder.

Mom rührte sich. In Zeitlupe griff sie nach dem Apparat, um abzuheben, fasste stattdessen aber Yoda um die Mitte und legte die Wange an ihren Bauch.

Grrrrr, knurrte unser Chihuahua. (Wehe, jemand störte seinen Schlaf.)

»Hallooo?«, brabbelte Mom.

Wieder knurrte Yoda, diesmal lauter.

Mom murmelte weiter in den Bauch unseres wütenden Chihuahuas, bis das Läuten aufhörte. Dann ließ sie den Hund los, der sofort in den warmen Spalt zwischen Mom und Sofa huschte.

Ich schnaubte frustriert, blieb noch kurz stehen und unterdrückte meinen Drang zu schreien. »Mom!«, rief ich schließlich und schüttelte sie. Keine Reaktion. Sie war wieder eingeschlafen. Also tat ich, was die meisten Teenager tun: Ich rief meinen älteren Bruder an, gab dem Vorfall den Namen Yodaphone, und der Sommer nahm seinen Lauf, während wir weiterhin so taten, als wäre im Hause Watt alles in bester Ordnung.

Das war mit einem neuen Welpen einfacher. Vielleicht verstand ich doch, was Mom gemeint hatte, als sie sagte, ich bräuchte einen großen Hund, denn Gizelle und ich waren von Anfang an ein Herz und eine Seele. Wenn ich nach Hause kam, folgte Gizelle mir vom Wohnzimmer in mein Zimmer, wieder die Treppe hinunter und sogar ins Bad, wo sie zu meinen Füßen saß, als bräuchte ich ihre Unterstützung. Ich lernte schnell, keinen Schritt rückwärts zu tun, ohne zuerst hinter mich zu schauen. Sie mochte es, ihre Schnauze und ihre Pfoten auf mein Knie oder in meinen Schoß zu legen. Und wenn es ihr nicht gelang, ihre Schnauze mit den Schnurrbarthaaren irgendwo auf mir abzulegen, griff sie auf den nächstliegenden Gegenstand zurück – legte die Lefzen auf den Badewannenrand oder schnüffelte unten an der Tür auf der Suche nach mir und winselte traurig, wenn sie feststellte, dass sie sich auf der falschen Seite der Wand befand. Ich erfuhr, dass Mastiffs so sind, sie genießen Körperkontakt und suchen nach Möglichkeit die Nähe zu ihrem Herrchen oder Frauchen (sprich, setzen sich auf sie). Und mir gefiel es genauso. Ich liebte Gizelles seidige Ohren, ihr weiches Fell. Ich liebte es, mich an den kleinen weißen Fleck an ihrer Brust zu schmiegen.

Meine Mutter kämpfte in diesem Sommer immer stärker mit der Sucht, und die normalen Tagesabläufe in unserem Haushalt lösten sich auf. Mom konnte weder einen Blickkontakt noch Gespräche aufrechterhalten. Sie taumelte und torkelte durch die Küche und schrie uns an, wenn wir ihr vorwarfen, betrunken zu sein. Zum Abendessen servierte sie uns halbgefrorenes Hähnchen, und das Frühstück in Smiley-Form fiel weg, weil sie lieber im Bett liegen blieb. Sie brachte höchstens noch schlaftrunken hervor: »Sag mir Tschüss, bevor du gehst.« Ich würde das Haus am Ende des Sommers verlassen, aber Erisy nicht.

Erisy war meine kleine Schwester und damit automatisch meine beste Freundin. Sie war vier Jahre jünger als ich, aber die Leute hielten uns häufig für Zwillinge. Uns gefiel das, und wir behaupteten dann, wir wären sieben Minuten auseinander. Erisy war eine, der alles gelang, was sie anpackte. Sie schaffte die Fouetté-Drehungen vor mir, sang und spielte Klavier, brachte sich selbst Gitarrespielen bei, hatte immer bessere Noten *und* hatte Dads Mathetalent geerbt. (Ich das von Mom.) Na gut, okay. Ich war neidisch. Aber ich war unheimlich gerne ihre ältere Schwester und wollte das gut machen. Vielleicht konnte ich wenigstens in dieser Sache besser sein.

Also versuchte ich sie in diesem Sommer mit morgendlichen Überraschungsdonuts, Zettelchen auf ihrem Kissen oder Luftballons in ihrem Zimmer abzulenken. Als es mit Mom richtig schlimm wurde, fuhr ich mit ihr zum Einkaufszentrum und kaufte uns Schwestern-Armbänder. (Wir haben schon viele Schwestern-Armbänder verschlissen.) Bald sagte Dad, Erisy dürfe nicht mehr bei Mom im Auto mitfahren. Das kam nicht besonders unerwartet. Wegen Moms Trunkenheit am Steuer hatte ich eine Sondergenehmigung für den Führerschein mit fünfzehn bekommen, so konnte ich Erisy zur Schule fahren. Oft versuchten wir, Mom komplett vom Fahren abzuhalten, indem wir die Schlüssel versteckten oder die Autobatterie abklemmten.

Diese Chauffeur-Pflichten hätten meinem Sommer einen Dämpfer verpassen können, aber das war absolut nicht der Fall. Wir drängten uns mit den Hunden in den Jetta und düsten die Concord Road hinunter, ließen die Fenster herunter und drehten Justin Timberlake voll auf. Fatty machte sich auf dem Rücksitz breit, rannte von einem Fenster zum anderen, schnaubte und wackelte mit ihrem Zimtschnecken-Hintern und versuchte, ihre Stummelbeinchen in den Fensterrahmen

zu stellen, damit sie die Schnauze in den Wind halten konnte – *DER BESTE TRIP DER WELT!* Yoda rollte sich auf Erisys
Schoß zusammen, und Gizelle suchte sich einen Platz auf dem
Rücksitz, mitten in Fattys Weg. Was diese nicht bremste. Sie
trampelte einfach über Gizelle hinweg. Anfangs war Gizelle
ein wenig unsicher, warum ihre seltsame Schwester den Kopf
aus dem Fenster steckte. Sie wartete also erst einmal ab, beobachtete, wie Berthas Ohren im Wind flatterten, und schien
sich dann zu denken: *Na ja, wenn Bertha es tut …*

Also ging sie auch ans Fenster. Skeptisch hielt sie die Nasen-
spitze in die Luft und sah ständig zu Bertha hinüber. Dann
schob sie den Kopf etwas weiter vor und legte erst einmal die
Schnauze auf dem Fensterrahmen ab. Als ihr der Wind in die
Augen blies, setzte sie sich erschrocken zurück, blinzelte und
schüttelte den Kopf, als fände sie das unerträglich und als wären Fenster die dämlichste Erfindung, die man sich vorstellen
kann. *Aber wenn Bertha es tat …* Nach ein paar Versuchen
schob sie den Kopf etwas weiter hinaus, hektisch blinzelnd.
Eines Tages ging sie schließlich aufs Ganze, steckte den Kopf
vollständig in die sausende Luft, während sie heftig mit den
Augen klimperte, wie jemand, dem ein Fön ins Gesicht gehalten wird. Anfangs fand sie es *definitiv* richtig bescheuert, aber
bald gefiel es ihr doch, denn was Bertha tat, musste sie auch
ausprobieren. Typisch kleine Schwester.

Ich hielt auf einer staubigen Seitenstraße mit Blick über den
Harpeth River, und Erisy und ich wetteiferten darum, die Erste
im Badeanzug zu sein, rannten zum Baum, kletterten hinauf
und schwangen uns in das trübe Wasser. Jubelnd sprangen wir
wieder und wieder hinein, während die Hunde an Land abhin-
gen. Wenn wir genug hatten und abgekühlt waren, luden wir
alle wieder ins Auto, ließen die Fenster hinunter und schlän-
gelten uns über die kurvenreichen Hügel des Südens, die Arme

zum Trocknen aus dem Fenster gestreckt. Gizelle schlug zufrieden mit dem Schwanz gegen den Rücksitz, unhörbar durch den Wind und das Radio. »Wollen wir zum Park?«, brüllte ich über die Musik hinweg. Und aus unserem kleinen Abstecher wurde ein Tagesausflug. Obwohl Mom unberechenbar war und in Dads Augen das Wort »Scheidung« zu stehen schien, wirkte es, als wäre alles in Ordnung, wenn wir nur wegfuhren.

Es war Sommer, ich war neunzehn, und obwohl ich Gizelle über alles liebte, ließ ich sie häufig in der Obhut ihres »Opas«. Ich ging immer häufiger abends aus, was meinen Vater dazu brachte, mir dauernd Textnachrichten zu schicken wie:

»Habe gerade deinen großen Welpen gefüttert. Lol Dad.«

»Dein großer Welpe ist immer noch nicht stubenrein. Lol Dad.«

»Dein großer Welpe springt gern aufs Sofa. Lol Dad.«

»Dein großer Welpe wälzt sich in den Blumen. Lol Dad.«

Dad glaubte, »LOL« bedeute »Lots of Love«, also »Alles Liebe«. (Tut er immer noch.) Eines Tages war ich mit Freunden am See. Als ich aus dem Wasser kam, hatte ich eine Nachricht von Dad:

»Der große Welpe läuft merkwürdig. Hat Schwierigkeiten aufzustehen. Sag Bescheid, was ich machen soll. Überlege, bei Noah's Ark anzurufen. Lol Dad.«

Als ich die Nachricht las, war es Stunden her, dass er sie geschickt hatte. *Mist.*

»Bin auf dem Heimweg!«, schrieb ich vom Pick-up eines Freundes aus, mit einem Mastiff-großen Knoten im Bauch. War Gizelle okay? Und wie tief steckte ich nun in der Scheiße? Mein Freund trat aufs Gaspedal, aber mir hätte nur eine Zeitreise etwas gebracht. Es war zu spät.

Ich rannte ins Haus, um nach Gizelle zu sehen. Sie rekelte

sich und streckte die Beine aus dem Verschlag, wo sie geschlafen hatte, und leckte mich ab. »Hallo, Gizelle!« Ihr Schwanz schlug gegen das Holz. Es schien ihr gutzugehen. Hatte Dad sich vertan? Ich sah in der Küche und im Esszimmer nach ihm, fand ihn aber nirgends. *Bitte sei Golfspielen. Bitte sag, dass du nicht bei Noah's Ark angerufen hast.*

Ich rannte hinauf in mein Zimmer und warf den nassen Badeanzug auf den Boden, um mich umzuziehen. Als ich mir vor dem Spiegel meine See-nassen Haare kämmte, hörte ich es: Das gefürchtete Geräusch seiner langsamen Schritte.

Ich hielt inne, die Bürste in der Hand, und starrte mein Spiegelbild an. »Hey, Lauren. Komm mal kurz runter«, rief er. Das war nicht gut. Normalerweise war ich »Fernie« oder »Kumpel«. Dad hatte »Lauren« gerufen. Oh, das war gar nicht gut. Ich zog den Reißverschluss meines Kapuzenpullis hoch, wickelte meine Haare in ein Handtuch und schlich nach unten. Dad saß am Küchentisch. Gizelle lag neben ihm. Bertha und Yoda lagen am Fenster in einem Sonnenfleck. Mein Vater musste mich nicht bitten, mich hinzusetzen; der Stuhl war bereits zurückgezogen. Dad trug sein blaues »Life is Good«-Shirt, und die Comicfigur starrte mich albern an, während Dad mit übereinandergeschlagenen Beinen dasaß, die Arme verschränkt, die Unterlippe fest, Stirn gerunzelt. Bertha und Yoda beobachteten uns wie Geschworene.

Mein Herz schlug dreimal so schnell wie sonst. Was auch geschah, ich würde sie nicht wieder weggeben. Ich versuchte meine Nervosität nicht zu zeigen. Ich setzte mich und legte die Füße auf Gizelle ab, malte mit dem großen Zeh Kreise in ihr Fell. Ich habe dieselben großen Zehen wie Mom. Sie sind kürzer als die zweiten Zehen.

»Ich habe bei Noah's Ark angerufen«, sagte Dad. »Gizelles Gang war merkwürdig. Ihre Beine wackelten, und sie hatte

Mühe aufzustehen. Also habe ich angerufen, weil ich dachte, sie könnten mir irgendeinen Tipp geben oder so.« Ich hielt den Kopf gesenkt. »Dort sagte man mir, sie *hätten* nicht einmal ein Pflegeprogramm. Sie kennen keine Lauren oder Gizelle.« Er hatte also tatsächlich alles rausgefunden. Ich hob den Blick, um ihn anzusehen, hielt den Kopf aber weiterhin gesenkt. Ich versuchte, ein paar Tränen hervorzuquetschen, ich dachte, das wäre jetzt vielleicht hilfreich. Er starrte mich mit fest aufeinandergepressten Lippen an und wartete darauf, dass ich etwas sagte. Ich hatte nichts zu sagen. Enttäuscht senkte er den Kopf. *Brüllt er gleich herum?*, fragte ich mich ängstlich. Er hätte auf jeden Fall Grund dazu gehabt. Aber er atmete nur tief durch und stützte sich mit den Ellbogen auf den Knien ab, um auf meiner Höhe zu sein.

»Fernie, ich weiß nicht, ob dir Ehrlichkeit wichtig ist«, sagte er. »Für mich ist sie es, aber vielleicht haben Mom und ich nicht genug getan, um dir das zu vermitteln.« (Ich musste an Mom denken. Lügen kamen ihr genauso leicht über die Lippen wie ein Schluckauf.) »Ich möchte dir sagen ...« Er hielt inne. »Ich denke nicht, dass du im Leben oder in deinen Beziehungen sehr weit kommst, wenn du nicht die Wahrheit sagst.« Ich blickte hoch.

»Sieh dich an, Kumpel«, fuhr er fort. »Fang an, über das nachzudenken, was du sagst. Willst du nicht vertrauenswürdig sein?«

Ich schämte mich fürchterlich. Echte Tränen sammelten sich in meinen Augen.

Ich hätte verstanden, angeschrien zu werden und Hausarrest zu bekommen. Ich hätte verstanden, Gizelle weggeben zu müssen. Aber das hier war viel wirkungsvoller. Mein Vater brüllte nicht. Er sprach mit mir wie mit einer Erwachsenen. Was Sinn ergab, denn faktisch würde ich bald eine sein.

41

»Sorry«, sagte ich. Meine Stimme brach. Ich sah meinem Vater in die Augen und sagte es noch einmal: »Sorry.«

»Eins ist sicher«, sagte Dad und beugte sich zu Gizelle hinunter, die sich in der Zwischenzeit am Boden ausgestreckt hatte. »Ich weiß, dass du deinen großen Welpen liebst.«

Er gab Gizelle zwei beruhigende Klapse auf den Kopf, als wären sie mir zusammen auf die Schliche gekommen, und verließ das Zimmer.

Ich blieb einen Augenblick auf dem Stuhl sitzen und betrachtete Gizelle. *Heißt das, wir behalten sie?*, fragte ich mich. Wenn das Dads Plan war, durfte ich es auf keinen Fall versauen. Auf meine eigene Mutter konnte ich nicht zählen. Sie war für mindestens achtundzwanzig Tage in der Entzugsklinik. Und ich hoffte inständig, sie würde die achtundzwanzig Tage tatsächlich durchziehen, bis sie wieder meine Mom war. Und solange war ich Gizelles.

Meine erste Lektion als Hundemutter kam ziemlich schnell, denn Dad hatte recht behalten, was Gizelles seltsamen Gang betraf. Eines Abends, kurz nachdem er die große Pflegewelpenlüge aufgedeckt hatte, war es im Haus ohne Mom ganz still, und Dad bereitete für mich, Erisy, Tripp und seine Frau Jenna Steaks für den Grill vor. Ich ging barfuß in den Garten, wo Gizelle im Gras saß. »Komm«, sagte ich und klopfte mir auf die Schenkel, um sie zum Spielen zu animieren. Sie versuchte aufzustehen, doch ihre Pfoten waren plötzlich wie am Boden angekettet. Sie wackelte unsicher, und ihre Beine wirkten wie gelähmt. »Dad!«, rief ich.

»Ja?« Er öffnete die Tür und sah, wie Gizelle sich auf dem Rasen wand.

»Genau das hat sie beim letzten Mal auch gemacht. Ich weiß nicht, was sie hat.«

»Wir müssen zum Tierarzt mit ihr!«, rief ich. Dad legte die

Steaks zurück in den Kühlschrank, und das Team versammelte sich. Wir alle – Dad, Tripp, Jenna, Erisy und ich – fuhren gemeinsam zum Tiernotarzt. Wir drängten uns in dem kleinen Raum um Gizelle. Ihr wurde ein Thermometer in den Hintern gesteckt, man sah sich ihre Ohren an, die Nase, zog sie am Schwanz und streckte jedes Bein einmal in die Länge. Nichts. Es kostete fünfhundert Dollar herauszufinden, dass Gizelle »Wachstumsschmerzen« hatte. Jawohl, nur Wachstumsschmerzen. »Das ist normal bei großen Rassen«, versicherte der Tierarzt. Alle fünf waren wir erleichtert. Der Tierarzt sah verwundert aus, dass wegen harmloser Wachstumsschmerzen so viele Familienmitglieder mitgekommen waren. Na ja, jetzt wussten wir, was es war. An dem Abend fand ich noch etwas heraus: Als ich sah, wie meine Familie Gizelle umringte und ihr jeder die Ohren kraulte, den Bauch rieb oder sie einfach nur liebevoll ansah und Dad kommentarlos die Rechnung übernahm, war klar: Wir würden den großen Welpen definitiv behalten.

3
Listen schreiben

DER SOMMER WAR vorbei, und ich starrte aus dem Fenster im elften von vierzehn Stockwerken eines riesigen, einschüchternden Studentinnenwohnheims. Mein neues Zuhause. In den Fluren überall bunte griechische Buchstaben. Alle Zimmer waren mit derselben bunten Lilliy-Pulitzer-Bettwäsche und Wäschekörben mit Monogrammen ausgestattet. Arm in Arm liefen Mädchen herum, die Shirts mit Aufschriften wie »Pi or Die« trugen, und alles, wirklich alles, schien aufeinander abgestimmt zu sein.

Sich an dieses neue griechische Erstsemester-Leben zu gewöhnen war schwer. Gizelle und Erisy zurückzulassen noch schwerer. Ich gab mein Bestes, mich anzupassen. Ich ging zu einem Ball, besuchte eine Parkplatzparty bei einem Football-spiel, wickelte mich in ein Bettlaken für eine Togaparty (*und erbrach auf dem Rasen!*). *Gehöre ich jetzt dazu?* Will *ich überhaupt dazugehören?*, fragte ich mich. Wenn sich Montag-abends alle anderen zurechtmachten, um an den Kennenlern-treffen um halb sieben teilzunehmen, und aufgeregt über die Gänge strömten, blieb ich zurück. Und ich glaube nicht, dass es irgendjemandem auffiel.

Ich war von meinem College in Charleston in South Carolina hierhergewechselt, um während Erisys letzten drei Highschool-Jahren in ihrer Nähe zu sein. Also fuhr ich fast jedes Wochenende nach Hause. Jedes Mal, wenn ich durch die Tür kam, war mein großer Welpe noch ein Stück gewachsen. Irgendwann war Gizelle größer als ich. Die Lefzen hingen von ihrem schwarzen Maul, ihr Kopf war so riesig wie der von

Darth Vader, und ihre Pfoten hatten die Größe von Menschenhänden. Dabei war sie noch nicht mal ausgewachsen.

Natürlich wusste Gizelle nicht, dass sie praktisch die Maße eines Sessels besaß. In ihrer Vorstellung war sie nicht größer als Yoda. Sie kroch zum Beispiel unter niedrige Couchtische, um dort ein Nickerchen zu halten. Der Tisch kippte natürlich. Sie war unser Privat-Bulldozer, warf Kaffeetassen und Bilderrahmen um, wenn sie mit dem Schwanz wedelte. Und wenn meine Schwester und ich gemütlich auf dem kleinen Zweisitzer im Wohnzimmer saßen und einen Film schauten, ignorierte Gizelle, dass für sie kein Platz mehr war. Sie verschaffte sich einfach welchen, setzte verstohlen eine Pfote auf, dann die zweite und sprang dann elegant mit ihren hundertsechzig Pfund hoch und ließ sich anmutig auf unseren Schößen nieder. Sie saß auf unseren Bäuchen, versperrte uns die Sicht und machte es uns unmöglich, unsere Arme zu bewegen. Sie lächelte, hechelte mit offenem Maul, als würde sie denken: *Sie ahnen nicht mal, dass ich hier bin.*

Während Gizelle immer größer wurde, wurden Moms Augen immer kleiner. Nach einem knappen Monat in der Entzugsklinik kam sie nach Hause und fuhr nur Minuten später wieder weg. Meine Familie verfiel in die altbekannten Muster, wir spionierten ihr nach, wühlten in ihrem Schrank, riefen Spirituosenläden an, um herauszufinden, ob sie dagewesen war.

Als ich an einem Wochenende nach Hause kam, lag sie wieder einmal um fünf Uhr nachmittags völlig weggetreten auf dem Sofa. An ihrem Auto befanden sich neue Dellen, und tief in ihrem Schrank verborgen lagen kleine Weinflaschen und Paracetamol-Döschen mit bunten Pillen darin, die bestimmt keine Paracetamol waren. Ich entschied, sie ein weiteres Mal zur Rede zu stellen. »Mom.« Ich versuchte, ruhig zu bleiben.

»Warum nimmst du das?« Ich hielt ihr die Pillendose vors Gesicht. Sie blinzelte und starrte dann ins Nichts, als fände sie keine Worte, als würden sie in ihrem Kopf herumschweben und sie müsse sie erst zusammensuchen. Nach einer kurzen Pause wandte sie sich mir zu:»Das tue ich nicht, Süße! Ich nehme sie nicht mehr. Mit mir ist alles in Ordnung!«, sagte sie nachdrücklich, erstaunt, dass ich mit so einer Anschuldigung zu ihr kam.

Es hatte Zeiten gegeben, da war meine Mutter überzeugend gewesen, Zeiten, in denen ich mit meinem eigenen Verstand rang und mich fragte, ob ich die Verrückte war, weil ich sagte:»Mit Mom stimmt etwas nicht.« Kurz kämpfte ich gegen diesen Gedanken an, dachte daran, dass sie mir gerade erst eine neue Handtasche geschickt und mir Monate zuvor den großen Welpen geschenkt hatte. Doch als ich in ihre glasigen Augen blickte, landete ich schnell wieder auf dem Boden der Tatsachen.

»Nein, Mom. Es ist nicht alles in Ordnung. Du lügst!«

Sie funkelte mich an, hatte aber Mühe, den Blickkontakt aufrechtzuerhalten. Als meine Worte zu ihr durchgedrungen waren (das dauerte meist ein paar Sekunden), wurde sie trotz ihrer Benommenheit wütend und fauchte:»Wieso glaubst du mir nicht? Das ist so unfair! Nach allem, was ich für dich getan habe!« Plötzlich stürmten wir durchs Haus wie zwei Teenager, donnerten Schranktüren zu und trugen in maximaler Lautstärke den alten Du-hast-ein-Problem-nein-habe-ich-nicht-Streit aus, bis ich schließlich Dad anrief und ihn ebenfalls anschrie:»Dad! So können wir nicht leben! Das ist nicht okay. Es ist unfair gegenüber Erisy! Wieso *tust* du nichts?« Und das ist der Grund, weshalb Sucht die komplizierteste, gemeinste und verwirrendste Krankheit ist. Sie macht alle Beteiligten fertig. Sie tyrannisiert alle.

Und ich verlor meine Mutter an diese Tyrannin.

Ich schlug die Autotür zu und fuhr mit Gizelle von zu Hause weg. Ich wollte nicht nur Brentwood verlassen, sondern ganz Tennessee. Ich hasste die Uni, ich hasste mein Zuhause und ich wusste nicht, wohin ich gehörte. Wir hatten alles mit Mom versucht. Ich hatte geglaubt, wenn ich sie beim Lügen erwischte, wenn ich sie dazu bringen könnte zuzugeben, dass sie ein Problem hatte, wenn ich sie bat, vernünftig mit ihr redete – würde irgendetwas davon funktionieren. *Irgendetwas* musste doch funktionieren ... oder? Ich zitterte vor Zorn. Ich schlug aufs Lenkrad. »Fuck!«, brüllte ich, während ich den I-65 in Richtung Nashville entlangraste und Gizelle sich so auf dem Rücksitz platzierte, dass sie das Kinn auf der Mittelkonsole ablegen konnte. Sie wollte immer noch so nah wie möglich bei mir sein. Ich versuchte, tief durchzuatmen, mich zu beruhigen. Aber ich begriff einfach nicht, weshalb meine Mutter die Pillen und den Alkohol immer wieder ihrer Familie vorzog. (Was sie irgendwann endgültig tat. Ein Jahr später sagte Dad endlich zu ihr, sie müsse ausziehen, wenn sie sich weiterhin weigere, Hilfe zu suchen. Mom zettelte keinen großen Streit an. Sie ging einfach.)

Ich fuhr, bis ich den Percy Warner Park erreichte. Die Warner Parks befinden sich südwestlich von Nashville und verfügen über mehr als acht Quadratkilometer hügeliger Wanderwege. Ich brauchte frische Luft. Ich wählte eine beliebige Route, nahm Gizelle an die Leine und ging los, meine Hündin an meiner Seite. Nicht hinter mir. Nicht an der Leine ziehend vor mir. Sondern direkt neben mir. Sie war ein Naturtalent an der Leine. Während wir den Pfad entlanggingen, sah sie immer wieder zu mir hoch. Manchmal brauchte sie das als Bestätigung, dass ich bei ihr war, aber an dem Tag hatte ich den Eindruck, sie spürte meine Verzweiflung. Wir gingen schneller und bald joggten wir. Gizelle nach wie vor an meiner Seite. Dann fing sie an, Gas zu geben, und wir rannten. Unsere sechs Füße trommelten auf den Boden.

Die Leine flatterte zwischen uns. Eine Leine ist natürlich dazu gedacht, Mensch und Hund aneinanderzubinden, und ich habe sie oft als schöne Verbindung empfunden, als etwas, das aus Gizelle und mir ein Ganzes machte. In diesem Augenblick jedoch war sie im Weg, wie sie da zwischen uns in der Luft baumelte und alles verkomplizierte.

Also löste ich die Leine, und wir rannten.

Wir rannten Seite an Seite. Wie eine Mini-Herde. Wir liefen komplett synchron, und ich dachte an nichts, was über den Augenblick hinausging. Wir rannten, so schnell wir konnten. Die Bäume rauschten vorbei. Gizelle kam bis auf die Höhe meiner Hüften, aber sie versuchte nie, mich zu überholen oder mir zwischen die Füße zu springen, wie es viele Hunde tun würden. Ihre Lefzen flatterten im Wind, und ihre lange, rosa Zunge hing ihr fröhlich schlackernd aus dem Maul, während sie neben mir hergaloppierte. Wie eine Beschützerin. Wie eine Freundin. Wie ein … Pferd. Dann schien es, als wären wir eine einzige gewaltige Trommel, die mit jedem Schritt angeschlagen wurde. *Bumm. Bumm. Bumm. Bumm.*

Wir rannten einige Minuten, bis wir an eine Lichtung kamen, wo wir uns ins Gras fallen ließen. Ich legte meinen Kopf auf Gizelles Bauch und lauschte ihrem Schnaufen, das langsam nachließ, genau wie bei mir. Unglaublich, dass ich einen so gewaltigen Hund hatte, der mir ohne Leine folgte. Sie folgte mir, weil sie bei mir sein wollte. Mein Kopf wurde von ihrem ruhiger werdenden Atem auf und ab bewegt. Dann drehte Gizelle sich zu mir um, leckte mir über das Gesicht und knabberte an meiner Nase. So sagte sie mir, dass sie mich liebte.

Ich joggte während meiner ganzen Collegezeit. Das gab

mir eine Aufgabe in Zeiten, in denen ich nicht sicher war, was meine Aufgabe im Leben war. Ich fühlte mich geerdet, verbunden mit der Erde. Ich kämpfte nicht gegen das an, was in meinem Leben schwierig war. Laufen war das Erste in meinem Leben, das sich anfühlte, als wäre es genau das, was ich tun sollte.

Das Laufen vermittelte mir außerdem das Gefühl, produktiv zu sein, als würde ich den Tag nutzen und mich zwingen, etwas mental und körperlich Forderndes zu tun. Und als ich meiner Mutter dabei zusah, wie sie das Gegenteil davon tat, ihr Leben verschlief und die Tage verschwendete, bekam ich Angst, so zu werden wie sie. Ich wollte mein Leben nicht verpassen. Ich wollte mich ihm stellen. Also begann ich, für meinen ersten Halbmarathon zu trainieren, mit Gizelle als Trainingspartnerin.

Eine Englisch-Mastiff-Hündin von hundertsechzig Pfund als Trainingspartnerin zu haben brachte Einschränkungen mit sich und war nicht ohne Risiko. Eines schönen Nachmittags im späten Frühling nahm ich Gizelle und Bertha mit in den Park beim YMCA von Brentwood, wo ich auf dem Fußballfeld Sprints machen wollte. Normalerweise rannte Gizelle ein bisschen mit mir, aber Berthas Körper war nicht geeignet für solche Aktivitäten. Ich brachte es nicht übers Herz, Fatty allein festzubinden, weil ich nicht wollte, dass sie sich blöd fühlte. Also band ich beide Mädchen an ein Fußballtor. Gizelle lag da wie eine Sphinx und beobachtete mich, während Fatty sich auf dem Rasen auf den Rücken rollte und anfing zu schnarchen.

Und dann lief ich los. Gizelle spitzte die Ohren und folgte mir aufmerksam mit dem Blick, während ich auf dem Platz hin und her rannte. Bei meinem dritten Sprint in Richtung Tor tätschelte ich Gizelle am Kopf. Sie verstand das wohl als *Na, kommst du mit?*, denn als ich wieder losließ, lief auch sie los, das Fußballtor und die arme Fatty im Schlepptau – ein unwahrscheinliches Gespann, das da übers Feld schlitterte. Gizelle begriff nicht, dass *sie* diejenige war, die ein Fußballtor hinter sich herzog; sie sah sich nur von einem großen Netz verfolgt. Sie beeilte sich, vom Tor *weg*zulaufen, und die arme Bertha musste auf ihren kurzen Beinen so schnell rennen, wie sie konnte, um mitzuhalten. Ich rannte hinter ihnen her, lachte und schrie und fuchtelte mit den Armen. Als ich sie endlich eingeholt hatte, brauchte ich über eine Minute, um die Hunde vom Fußballtor zu befreien – vor einem Parkplatz voll mit johlenden Kindern und Fußballmüttern.

Schließlich kam Gizelle mit mir nach Knoxville. Abends rannten wir zusammen über den Campus, trabten gemeinsam die Sixteenth Street entlang, vorbei an meinem alten Wohnheim und auf den Volunteer Boulevard, wo der Campus-Bürgersteig sich auf einen grasbewachsenen Hügel neben der Bibliothek hinaufschlängelte. Jedes Mal, wenn wir an diesen Ort kamen, wurde Gizelle zielstrebiger, schneller, trippelte aufgeregt auf dem Betonboden herum. »Fertig, mein Mädchen? Bereit?« Dann löste ich die Leine.

Es waren nicht viele Studenten unterwegs, aber die, die dort waren, blieben unweigerlich stehen, mit ihren Büchern in der Hand, wie vom Donner gerührt vom Anblick des riesigen Hundes, der auf dem Unigelände durchs Halbdunkel rannte. Wenn Gizelle den Hügel hinaufpreschte, blickte sie immer wieder zurück, um sicherzugehen, dass ich ihr folgte. Ich jagte ihr hinterher, und zusammen warfen wir uns ins Gras, lagen Seite an Seite unter dem Sternenhimmel.

Die Abende mit Gizelle auf dem Campus machten mich immer nachdenklich. Wenn ich mir vorgenommen hatte, eine Meile zu laufen, und diese dann auch lief – was konnte ich noch alles erreichen, wenn ich es mir in den Kopf setzte? Wohin würden meine Füße mich tragen? Beim Laufen fing ich an, von den Orten zu träumen, die ich besuchen, den Dingen, die ich sehen wollte, und was für ein Mensch ich dann gern wäre. Ich begann, im Kopf Listen zu erstellen und sie aufzuschreiben:

Einen Marathon laufen
Löwen in Afrika sehen
Im Ausland studieren
Pizza in Italien essen
Mich verlieben
Ein Tattoo stechen lassen

Diese Liste nannte ich irgendwann »Laurens Wunschliste«. Ich strich einzelne Punkte durch und fügte weitere hinzu.

~~Einen Marathon laufen~~
~~Im Ausland studieren~~
~~Ein Tattoo stechen lassen~~
~~Au pair-Mädchen in Italien sein~~
~~Pizza in Italien essen~~
~~Eis in Italien essen~~
~~Spaghetti Carbonara in Italien essen~~

Bald war ich dreiundzwanzig, hatte das College beendet und fragte mich, was als Nächstes für mich auf dem Plan stand. Meine Eltern hatten sich getrennt und würden sich demnächst scheiden lassen. Erisy besuchte inzwischen das College in Kalifornien. Tripp und Jenna lebten in L. A. Mom ging freiwillig ein weiteres Mal in die Entzugsklinik. Freunde organisierten sich Praktika, begannen zu arbeiten oder heirateten. Wenn ich meine Liste überflog, schien ein Punkt mich förmlich anzublinken. Ein Punkt, der wie der logischste nächste Schritt in meinem Leben erschien, auch wenn ich sonst nicht wusste, was ich damit anfangen wollte.

Ich beschloss, aus Tennessee wegzuziehen. Ich würde mein Leben in den Südstaaten gegen einen kosmopolitischeren Ort mit mehr Energie und rauem Charme eintauschen. Einen Ort, über den ich eigentlich fast nichts wusste. Ich würde nach New York ziehen. Nach Manhattan. Mit Gizelle.

4
Manhattan

43rd Street, Times Square

WÄHREND ICH WEITER an meiner Wunschliste arbeitete, begeistert, bald »In Manhattan leben« durchstreichen zu können, arbeitete Gizelle an ihrer eigenen Liste, der Liste ihrer Ängste. Sie fürchtete sich vor nahezu allem.

Briefkästen
Gullys
Fremde
Yoda
Kartons und Töpfe
Fußballtore (zu recht!)
Fahrräder
Bertha
Plastiktüten
Elektrische Werkzeuge

Das Fahrrad musste sich nicht einmal bewegen. Einmal stand ein Fahrrad in der Garage, und Gizelle kroch so vorsichtig darum herum, dass man hätte meinen können, es sei ein schlafender Grizzlybär, den sie nicht wecken wollte. Einmal weigerte sie sich, den Garten zu betreten, weil dort eine heimtückische Plastiktüte im Wind wehte. Und Yoda musste nur einmal knurren und nach ihr schnappen, und Gizelle verzog sich unter den Tisch mit einer Haltung, als wolle sie sagen: *Meine Güte, Yoda, das wollte ich nicht! Bitte tu mir nichts!*

Und nun brachte ich mein massiges Baby nach New York, an einen Ort, wo wir auf weitere im Wind wehende Plastiktüten,

Fahrräder, Gullys und (größere und lautere) Elektrowerkzeuge treffen würden – nun, ich war ein wenig besorgt. Klar, Gizelle war in der Zeit an der University of Tennessee mutiger und selbstsicherer geworden, aber sie war immer noch ein sanfter Riese. Was, wenn Manhattan ihr Angst einjagte? Was, wenn sie dort ankam und sofort zurückwollte – Country roads, take me home –, zurück in das Land von sternenklaren Nächten, Wiesen und Autofahrten? Es gab nur einen Weg, das herauszufinden. Und es begann mit der Suche nach einer Wohnung.

Als Neuankömmling in New York eine Wohnung zu finden ist die erste Prüfung der Stadt. New Yorks Art zu sagen: *Wie wichtig ist es dir wirklich, hier zu wohnen? Wie viel Raum, Moral, Einkommen, Sauberkeitsbedürfnis und Würde bist du bereit zu opfern? Wie verrückt bist du?* Hier überlebt nur der Angepassteste. Wenn du die Wohnungssuche nicht wuppst, solltest du nicht hierbleiben, dann ist New York vielleicht nicht die richtige Stadt für dich. Was faktisch bedeutet, dass alle, die hier leben, das irgendwo ganz tief drin wirklich wollen müssen. Andernfalls würde man sich die ätzende Wohnungssuche nicht antun. Ich bekam schnell den Eindruck, dass ganz Manhattan auf diese Weise funktionierte – bist du nicht bereit, dich reinzuknien, zerreißt es dich in der Luft; bist du es aber, wird das belohnt – sofern das Schicksal gnädig ist.

Eines der größten Geschenke des Schicksals für mich war Kimmy. Kimmy stammte aus New Haven in Connecticut, war aber in Boston zur Schule gegangen. Ich hatte sie während des Auslandsstudiums kennengelernt, wo wir uns sofort anfreundeten. Kimmy war eine von vier Schwestern, und sie hatte dieselbe Mein-Schrank-ist-dein-Schrank-Haltung wie ich. Sie gehörte zu den Menschen, die gleich mehrere als ihre beste Freundin betrachteten.

Das erste Jahr, das wir zusammenlebten, war sie bei etwa

zwölf Hochzeiten Brautjungfer oder Trauzeugin. Zuverlässig einmal im Monat klebte sie Strasssteine im Bogen auf einen Matrosenhut für *noch* einen Junggesellinnenabschied, sah mich an, verdrehte die Augen und sagte: »Diese. Scheiß. Hochzeiten«, lachte und widmete sich wieder ihrem Strass.

Wir fanden es beide völlig absurd, dass Leute in unserem Alter heirateten. Eine größere Verpflichtung, als einen Hund zu besitzen und nach New York zu ziehen, wollten wir nicht eingehen. Wir waren beide dreiundzwanzig und betrachteten die Stadt als einen einzigen riesigen Spielplatz. Sich festlegen? *Jetzt?* Als junge Frauen in unserem Alter? Es gab doch noch so viel zu sehen, zu erleben und zu entdecken! Kimmy und ich hatten schon eine Menge zusammen erlebt. Einmal sind wir von der höchsten Bungee-Jumping-Brücke der Welt gesprungen, waren gemeinsam in Nagano bei einer Gastfamilie untergebracht, haben zum Spaß in unseren Kanus übernachtet, und nun eroberten wir New York, unser bislang größtes Abenteuer.

Auf dem Weg zu unserer Maklerin fragte ich Kimmy, ob es etwas gebe, das sie an Mitbewohnern störe. Sie antwortete: »Urgs. Mit Leuten zusammenwohnen, die sich wegen dummem Kleinkram aufregen.« Das erschien mir logisch. Wer will schon mit solchen Leuten zu tun haben? Oder? Moment: *Rege ich mich über dummen Kleinkram auf?* Ich glaubte, nein. Im Auslandsstudium hatte Kimmy den Spitznamen Bauernmädel bekommen, weil sie immer viel trank, lustige Dinge sagte, schmutzige Kommentare machte und in provokanter Weise vor historischen Monumenten posierte. Aber das störte mich nie; im Gegenteil, meistens war ich mit dabei!

Ich war vernarrt in Kimmy. Sie war entspannt, aber motiviert, nie pingelig und wirklich selbstlos. Die Frau konnte notfalls allein von Gewürzsaucen leben. Einmal, als ich Hunger hatte, gab sie mir ihre Pommes und aß selbst nur den Ketchup, drückte sich einfach den Inhalt des Päckchens in den Mund. »Wieso nicht? Es schmeckt!«, behauptete sie. Die andere gute Sache an Kimmy war, dass sie sich total darauf freute, mit einem Hund zusammenzuwohnen. »Ich hatte noch nie einen Hund! Dabei wollte ich immer einen!«, jubelte sie. Sie hatte Gizelle vorher einmal in Knoxville gesehen. Ihre Reaktion? »Ach, so groß wirkt sie gar nicht!« Ja, Kimmy war die perfekte Mitbewohnerin. Wir brauchten bloß noch eine Wohnung.

Wir fanden eine Maklerin namens Allie, die uns gefühlt jede Treppe in Hell's Kitchen hinaufführte, einem Viertel, das sie als »erschwinglich« bezeichnete. Trotz all der Treppen war Allie ein treuer Fan von Bleistiftröcken. Wir folgten diesen Röcken durch eine Reihe von »sonnendurchfluteten«, »modernen«, »riesigen« Wohnungen. Dabei waren die Apartments, die wir uns ansahen, klein – so klein, dass, *falls* dort Platz für ein Sofa war, man vom Sofa aus den Kühlschrank öffnen konnte. Es dauerte nicht lange, und wir verstanden, dass es ein Luxus war, wenn ein Bett ins Zimmer passte, und ein Fenster, das einen schmalen Spalt Sonne hereinließ, ein Wunder. *Und was ist mit Hunden? Wo lassen die New Yorker ihre Hunde?*, fragte ich mich. Gizelle war noch nicht in New York. Sie konnte erst kommen, wenn wir irgendwo einen Platz für sie hatten. Aber einige der Wohnungen waren so winzig, dass ich bezweifelte, Kimmy, Gizelle und ich könnten uns gleichzeitig darin aufhalten. Gizelle würde in den Flur gehen müssen, um sich zu drehen.

Und natürlich war unsere dritte Mitbewohnerin trotz ihrer liebenswerten Art kein Pfund, mit dem man bei der Wohnungssuche wuchern konnte.

»Wie viel wiegt Ihr Hund noch mal? Sie sagten, er sei etwas größer, oder?«, fragte Allie, während sie uns zu unserem siebzehnten potentiellen Zuhause führte, einem weiteren »Schnäppchen«.

Ich wollte der Maklerin nicht sagen, wie groß Gizelle wirklich war. Ich ließ sogar die Stellen in den Formularen frei, an denen ich ihr Gewicht hätte eintragen sollen. Wie bei vielen Frauen schwankte das auch bei Gizelle. Damals wog sie etwas mehr als üblich – so viel wie sonst nie. Das mag unter anderem daran gelegen haben, dass Gizelle, während ich im Ausland studierte, ihr Studium auf die Couch verlegt hatte und sich nicht so viel bewegte wie mit mir. Als ich mit Pain-au-chocolat-Pausbäckchen, einem Doppelkinn und einem Nutella-Crêpe-Bauch zurückkam, war ich also nicht die Einzige, die zugelegt hatte. Gizelles üppige Kurven existierten nicht mehr, sie war in ihre von Tripp so genannte »Badewannenphase« eingetreten. Sie wog etwa hundertachtzig Pfund.

»Ähm. Etwas über hundert Pfund«, sagte ich, als Allie direkt fragte. Sorry, aber jeder muss irgendwann mal schummeln, was sein Gewicht angeht. Allie riss die Augen auf, blähte die Nasenflügel und schüttelte den Kopf. »Oh, tja. Ein Hund dieser Größe wird euch erheblich einschränken«, warnte sie in einem Ton, als wäre sie unsere Mutter, während sie durch die Papiere auf ihrem Clipboard blätterte. Dabei wusste sie nicht einmal die Hälfte. Von der Existenz der anderen Hälfte Gizelle ahnte Frau Bleistiftrock nichts. Es fühlte sich nicht so schlimm an, Allie anzulügen. Sie log ja auch ständig, erzählte immer wieder, die Wohnungen seien erschwinglich, groß und sonnig, dabei waren sie nichts davon.

Allmählich begann ich zu verzweifeln. Ich versuchte, nicht wählerisch zu sein. Ich brauchte kein großes, weitläufiges Haus, und Kimmy auch nicht. Nicht einmal Gizelle, wenn ich darüber nachdachte. Eine kleine Wohnung wäre wahrscheinlich ihr Traum, da mein Schoß nach wie vor ihr Lieblingsort zu sein schien.

Also suchten Kimmy und ich weiter nach einem kleinen,

aber wohnlichen Apartment. Und genau in dem Moment, als ich kurz davor war, die Wohnungssuche in New York als eine einzige Tragödie abzuhaken, folgten wir Allie in eine Zweizimmerwohnung auf der 43rd Street, zwischen der Eighth und Ninth Avenue.

Sie schaltete das Licht an.

Mir fiel die Kinnlade herunter. Ich traute meinen Augen nicht. Dort war Platz für ein Sofa, einen Stuhl, einen Fernseher und einen großen Hund, *und* es gab eine separate Küche. Wir hatten keine Möbel, aber es war ein gutes Gefühl zu wissen, wenn wir welche besäßen, hätten wir genug Platz für sie. Es gab zwei Zimmer, einen privaten, umzäunten Innenhof mit Holzplatten. Es war eine traumhafte Entdeckung. Allie sah immer wieder auf ihr Clipboard hinunter und dann wieder in die Wohnung, und ich befürchtete schon, sie hätte einen Fehler gemacht und uns etwas gezeigt, das außerhalb unseres Budgets lag. Aber es war kein Versehen.

Eines der beiden Zimmer war bedeutend größer als das andere, und ich dachte, Kimmy und ich würden uns darum streiten. »Du könntest das größere nehmen«, sagte Kimmy jedoch leichthin. »Du hast den Hund!« Im Hinterhof stand sogar ein Baum. Ja, ein Baum. Okay, die Wurzeln mussten irgendwo unter dem hinteren Zimmer anfangen, denn sie wellten den Fußboden dort, und manchmal, wenn es windig war, hatte ich Angst, der Baum würde umfallen, alles mit sich reißen und wir würden davonfliegen wie Dorothy aus »Der Zauberer von Oz«. Aber es gab einen Baum! Ein Baum erinnerte mich an Tennessee. Der Vormieter hatte sogar eine weiße Weihnachtsbaumlichterkette dagelassen, ein paar Laternen und Blumentöpfe. Ich konnte eine Hängematte aufhängen. Es war genug Platz, damit Gizelle sich in die Sonne legen konnte. Ein Autokennzeichen mit dem Wort RIO hing an dem Holzzaun. Und so hatte unsere erste Wohnung in New York auch gleich einen Namen.

Kimmy und ich richteten Rio ein, indem wir die Bürgersteige von Hell's Kitchen abklapperten. Unsere Wohnung war wie ein Heim für ausgesetzte Möbel. Wir nahmen alles: arme, müde, kaputte Stühle. Eine vom Glück verlassene Arbeitsplatte, die wir schwarz lackierten und als Bar benutzten. Einen Beistelltisch auf Rollen, der ein neues Zuhause suchte. Kimmys Vater fand nach einem Unwetter sogar ein Sofa in ihrer Straße in New Haven. Es war scheußlich – olivgrün und immer noch feucht. Aber das war uns egal. Wir nahmen auch das auf. Wir brachten es in den Hinterhof von Rio und nannten es zärtlich das Sumpfsofa. In die Küche hängte Kimmy die Korktafel, die wir im 99-Cent-Laden gekauft hatten. »Kein Kitsch«, sagte sie. »Nichts von dem *Leben, Lachen, Lieben*-Scheiß hier in der Wohnung.«

Wir investierten in Tafelfarbe, damit wir die Wände streichen und beschreiben konnten. Mit Listen. »Duschvorhang kaufen«, schrieb ich. Es dauerte eine Woche, bis wir das erledigt hatten. Bis dahin spritzte das Wasser auf den Fußboden, und wir stiegen sehr vorsichtig aus der Dusche. »Erwachsenenjobs suchen«, schrieben wir. Wir jobbten bereits beide in der Gastronomie. Meine ältere Cousine hatte mir, noch bevor ich in New York angekommen war, einen Job in einer Bar in der Upper West Side verschafft, so hatte ich sofort eine Einnahmequelle. Kimmy arbeitete als Kellnerin in einer Kneipe in Murray Hill. In wenigen Wochen sollten wir die beste Notiz von allen schreiben: »Willkommen in New York, Gizelle!«

Es wirkte wie ein gutes Omen: ein freier Parkplatz für Mom direkt vor meiner Wohnung. Mom war zurück aus dem Entzug, lebte in Nashville und schien gut zurechtzukommen. Neuerdings war ihre Stimme am Telefon frisch und klar, sie rief häufig an, um zu hören, was sich bei mir tat, und ich erzählte ihr alles über mein neues Apartment am Times Square. Sie bat mich darum, Gizelle zu mir bringen zu dürfen, damit wir etwas »Mommy-Lauren-Zeit« miteinander verbrachten. Sie vermisste mich. Trotzdem wusste man bei ihr nie, woran man wirklich war, doch dass sie mich besuchen kommen wollte, schien mir ein gutes Zeichen. Sie fragte mich, ob ich ihr eine Liste mit Dingen aus meinem alten Zimmer mailen wolle, die sie mir dann mitbringen würde. *Meine Mom ist wieder da!«*, dachte ich hoffnungsvoll. Ich freute mich, eine Mutter zu haben, die so etwas anbot.

Gizelle kletterte aus Moms SUV, indem sie zuerst die Vorderpfoten auf den Bürgersteig setzte und dann ihr kräftiges Hinterteil heraushievte. Sie war sonst meist nicht die Schnellste, aber als sie mich sah, spitzte sie die Ohren, riss die Augen auf, sprang auf und ab und stellte sich immer wieder auf die Hinterbeine. Ich stürzte ebenfalls auf sie zu. »Gizelle!«, rief ich. »Hallo! Hallo, mein Mädchen! Hallo!« Auf dem Bürgersteig der 43rd Street schlang ich die Arme um ihren Hals, während sie an meiner Nase knabberte. »Ich habe dich so vermisst!« Sie sprang noch einige Male aufgeregt im Kreis um mich herum und stellte sich dann wieder auf die Hinterbeine, so dass ich ihre Vorderpfoten abklatschen konnte.

»Hi, Mom!«, sagte ich und lief zu ihr, um sie zu umarmen. Ich war immer noch ein wenig nervös, sie zu sehen. *Was, wenn ihr Blick trüb ist? Was, wenn sie lallt?* Ich traute ihr zu, Gizelle bis nach New York zu fahren, aber meine größte Angst war nach wie vor, Mom könne betrunken ins Auto steigen. Natürlich wusste ein Teil von mir, wenn es ihr nicht gut ginge, hätte sie gar nicht erst angeboten, die lange Strecke bis nach

New York auf sich zu nehmen. Dann schien sie uns generell eher aus dem Weg gehen zu wollen. Aber als ich Mom nun auf mich zukommen sah und sah, wie ihre Augen aufleuchteten, als sie die Arme ausbreitete und ein breites Lächeln auf ihrem Gesicht erschien, konnte ich entspannt die Schultern sinken lassen. Mom umarmte mich fest. Ihr Auto war voll mit Kram – meine große Weltkarte, Gizelles Hundebett, meine kleine Buddhastatue, ein Koffer voller Bücher.

Ich zeigte auf unser Haus. »O Gott, euer Zuhause ist der Hammer, Süße!«, sagte Mom und drückte meine Hand, während sie strahlend zu unserer Wohnung hinaufsah. Die Haustür war kaputt, was mit Klebeband und Graffiti behoben worden war, und die Klingel läutete willkürlich, ohne dass jemand sie betätigte. Im Flur flackerte das Neonlicht, was dem Ganzen eine Horrorfilm-Atmosphäre verlieh. »Ich freu mich so für dich!«, sagte Mom. »Es ist phantastisch.«

Auch das verriet mir, dass es meiner Mutter gutging: Sie fand mein heruntergekommenes Apartment gegenüber des Port-Authority-Busbahnhofs phantastisch. Wenn sie nüchtern war, sah sie in allem das Schöne. Ehrlich, sie fand es überall. Als ich Gizelle, meine Mom und mein Zeug in Wäschekörben auf dem Gehweg sah, wurde mir klar, dass sich der Schritt, nach New York zu ziehen, richtig und dauerhaft anfühlte ... so dauerhaft, wie die Dinge im Leben einer Dreiundzwanzigjährigen eben sind.

Es war unglaublich: Gizelle und ich lebten mitten in Manhattan, etwas über einen Block von Madame Tussaud's Wachsfigurenkabinett entfernt und (sehr praktisch) direkt neben dem 99-Cent-Express-Pizzabäcker am Times Square. Das Zeichen unserer Walgreens-Apotheke leuchtete in unübersehbarem Neonrot. Und ich musste nicht daran erinnert werden: I ♥ NYC, denn das stand auf dem ganzen Schnickschnack der

Touriläden, die die Eighth Avenue säumten. Mom und ich schnappten uns die Wäschekörbe, und wir marschierten in unsere Wohnung.

Mom blieb für ein paar Tage. Sie führte Kimmy und mich in Anthony Bourdains Restaurant Les Halles aus. Ich freute mich, als sie für sich nur ein Glas Wasser bestellte, aber darauf bestand, dass Kimmy und ich mit Champagner anstießen. Am nächsten Tag fuhr Mom uns zu Ikea, wo Kimmy und ich viel zu ambitioniert davon ausgingen, dass unser Apartment ein Palast war, und ein Regal kauften, das dann nicht in unser Wohnzimmer passte. Wir versuchten es Stück für Stück zusammenzubauen, Gizelle wurde so lange in den Flur gesperrt, bis uns irgendwann klarwurde, dass wir das Regal niemals unterkriegen würden. »Macht euch keine Gedanken, Mädels.« Lächelnd half Mom uns, es wieder auseinanderzubauen, und fuhr uns am nächsten Tag erneut zu Ikea.

Arm in Arm gingen Mom und ich eine kleine Runde mit Gizelle um den Block. »Wir dürfen sie nicht überfordern, Süße«, warnte sie mich. Sie erklärte, wir sollten Gizelle langsam an das Stadtleben gewöhnen, damit unser Sensibelchen nicht von Eindrücken überflutet wurde. Ich stimmte ihr zu. An Moms letztem Abend in New York brachten Gizelle und ich sie in ihr Hotel, das nur ein paar Blocks entfernt war. »Danke für alles, Mom«, sagte ich und umarmte sie fest. Dann ließ ich sie los, und ihr Blick blieb für einen Moment an den Lichtern hinter mir hängen. »Mom?« Sie richtete ihn auf mich. »Alles okay?«, fragte ich. Sie zögerte.

»Natürlich.« Sie küsste mich noch einmal auf die Wange und verschwand im Hotel. Ich fragte mich unweigerlich, was sie tun würde, wenn sie in ihrem Zimmer war, schlimmer noch, in ihrer Wohnung in Nashville, wo sie ganz allein sein würde.

5
Times Scare

Tagebuchschreiben auf dem Dach von Rio –
New York, New York

UNABHÄNGIG VON MOMS Zustand war es phantastisch, dass sie mir Gizelle gebracht hatte. Außerdem waren Gizelle und ich jetzt Großstadtmädchen. Wir standen auf eigenen Füßen. Vielleicht sollte ich die Sorgen um die Abhängigkeit meiner Mutter endlich einmal beiseiteschieben. Ich war in New York! Es war November. Ich hatte meine beste Freundin bei mir. Zeit, auf Entdeckungsreise zu gehen.

Ich wickelte mir Gizelles pinkfarbene Lederleine um die Hand, damit sie dicht an meinem Bein lief, und hoffte inständig, sie möge nicht den Schwanz einziehen und von den hupenden Taxis, lauten Subway-Gittern und rasenden Nuts-4-Nuts-Wagen Reißaus nehmen, vor denen ich mich selbst manchmal wegduckte. »Das machst du mit links, Mädchen«, feuerte ich sie an. Wir gingen quer durch die Stadt, auf der 43rd Street in Richtung Bryant Park, und zu meiner großen Überraschung machte sie das *tatsächlich* mit links. Gizelle duckte sich nicht weg vor Manhattan, sie verschmolz mit dem Gehweg, der eher einer Fußgänger-Autobahn glich, und blieb an meiner Seite. Beim Gehen schwangen ihre Hüften hin und her. Sie blieb nicht wie angewurzelt stehen und ließ sich auch nicht von dem Gewusel und Lärm um uns herum aus der Ruhe bringen. Sie ging einfach lässig weiter und ignorierte alles um sie herum – wie eine echte New Yorkerin. *Gizelle? Wie machst du das?*, dachte ich und wünschte, sie gäbe mir ein paar Tipps, wie man die coole New Yorkerin raushängen ließ. Bisher sah es so aus, als käme Gizelle mit Manhattan zurecht, aber es dauerte nicht lange, bis ich mich fragte, ob Manhattan mit Gizelle zurechtkam.

Beim Überqueren der 43rd Street und des Broadways am Times Square erschreckte Gizelle Batman. Als wir uns ihm näherten, schlug Bruce Wayne sein Fledermaus-Cape um sich und schob sich mit seiner ausgestopften, muskelbepackten Brust hinter einen Typen, der als sein Bösewicht-Rivale Bane verkleidet war. »Oh, scheiße! Das ist ja ein saugroßer Hund!« Gotham steckte echt in der Klemme.

Gizelle und ich durchquerten ein Meer an Comicfiguren – Hello Kitty, Elmo, Buzz Lightyear, den Pink Power Ranger, Mario und Luigi –, die alle – genau wie Batman – in Verkleidungen wie aus dem Kostümverleih über den belebten Bürgersteig liefen. Und genau wie Batman traten auch die anderen Comicfiguren zurück und zeigten auf uns. Manche schoben ihre Masken hoch, zeigten ihre roten, verschwitzten Gesichter und starrten Gizelle verblüfft an, als wäre sie eine Superkraft, mit der sie es bislang noch nicht zu tun bekommen hatten.

Ein alteingesessenes Original, der Nackte Cowboy, bekannt dafür, in nichts als weißen Unterhosen und Cowboystiefeln Straßenmusik zu machen, sah hinunter auf meinen gestromten Riesen und dann wieder zu mir, entgeistert, als wäre ich die Verrückte. *Sir, wir haben November*, wollte ich sagen. *Sie stehen in Unterhosen am Times Square und spielen Gitarre. Das hier ist einfach nur ein Hund.*

Ich hatte mir immer vorgestellt, dass New Yorker auf der Straße aneinander vorbeihetzen. Ich sah sie vor meinem inneren Auge in schwarzen Anzügen, fokussiert, ernst und blind für alles außer ihrem eigenen Plan. Unsere Erfahrungen waren andere. Wenn die Leute Gizelle sahen, schienen sie die Kontrolle über ihre Gefühle zu verlieren. Sie gaben unzensiert von sich, was sie dachten.

»Das ist kein Hund, das ist Jumanji.«

»Cuji!«

»Heilige Scheiße!«

»DER WAHNSINN!«

»Löwe!«

»Tiger!«

»Boah!«

Es schien fast, als wäre es ein Gesellschaftsspiel, Gizelles Spezies zu erraten, ähnlich wie Scharade oder Wer bin ich?, in dem Passanten mit Antworten herausplatzen mussten, so schnell sie konnten.

»Das Biest!«

»Mufasssaaaaaa!«

»Godzilla!«

»Sandlot!«

»Beowulf!« (Grendel?)

»Ein Bär!«

»Boah!«

Die Leute erzählten mir gern, Gizelle sei alles Mögliche, aber kein Hund. Ein Typ vor einem Deli auf der Eighth Avenue tippte mich mit einem Finger an, um mich höflich und vorsichtig und im Brustton der Überzeugung wissen zu lassen: »Ich möchte Sie darüber informieren, dass dies kein Hund ist. Das ist ein Tyrannosaurus Rex.« Es war deutlich, dass er mir nur helfen wollte. Er wollte mir unbedingt klarmachen, dass ich in Wirklichkeit eine gefährliche, fleischfressende Echse aus der späten Kreidezeit ausführte, damit ich die notwendigen Vorkehrungen traf.

Manchmal machten die Leute sich auch die Mühe, mir zu erklären, dass Gizelle tatsächlich ein Hund war. Aber in diesem Szenario war dieser Hinweis üblicherweise irgendwo zwischen den Worten: »Ach du Scheiße! Das ist mal ein verdammt großer Hund!« versteckt.

Es schien, als hätten sie alle nie zuvor einen Hund gesehen; was absurd war, denn in unserem Viertel gab es eine Menge. »Wie kannst du diesen Hund in der Stadt halten?« »Wo wohnst du?« »Wie groß ist deine Wohnung?«, fragten mich die Leute aus, als wären sie von der Regenbogenpresse. Manche Menschen mit etwas größeren Hunden wie Labradoren oder Golden Retrievern blieben stehen und stellten dieselben Fragen: »O Gott! Wie um Himmels willen passt der in deine Wohnung?« Und das fand ich immer ziemlich lustig, denn meistens war es *ihr* Hund, der quasi für die Riverdance-Show übte, im Kreis rannte, sich in der Leine verheddert oder auf zwei Beinen auf und ab sprang, um einen Ball zu erhaschen, den der Besitzer in der Hand hielt, während Gizelle, die keine Lust mehr hatte, auf der Stelle zu stehen, zu diesem Zeitpunkt bereits auf dem Bürgersteig *lag*. Es war unmöglich, sie sauber zu halten. Jedes Mal, wenn wir draußen waren, vermischte sich früher oder später der Stadtschmutz mit ihrem schönen Fell. Dieser Schmutz fand dann manchmal auch den Weg in mein Bett. Kein Wunder also, dass Baden zur obersten Priorität wurde. Ob Gizelle aufs Bett durfte, wurde entsprechend dem Badeplan ebenfalls strenger reguliert.

Gizelles Haufen trugen nicht gerade dazu bei, uns unsichtbar zu machen. Sie brachten ihr mehr Aufmerksamkeit ein, als mir lieb war. Ich hatte beobachtet, wie Besitzer von kleinen Hunden die kleinen Häuflein ihrer Hündchen mit zwei Fingern in rosa Beuteln verschwinden ließen, die vermutlich nach Wassermelone dufteten, während ich Tüten von Trader Joe's hervorholte, in der Hoffnung, dass zwei genügten, und betete, das Plastik möge nicht reißen. Das kam nämlich vor. Vielleicht wäre es mit einer Schaufel einfacher gewesen. In Tennessee hatten Gizelles Hinterlassenschaften kein Publikum. Ich hob sie in einem ruhigen grünen Park auf, warf sie in einen Mülleimer, und das war's. »Wir tun einfach so, als wäre gar nichts gewesen, Mädchen«, beruhigte ich sie.

Jetzt, da Gizelle ihr Geschäft auf den Bürgersteigen von Manhattan vor großen Menschenmengen verrichten musste, konnte sie sich nicht mehr verstecken. Passanten hielten sich die Nase zu, und immer rief irgendjemand »Igitt!«

Vielleicht brauchte Gizelle deshalb eine ganze Woche, bis sie es das erste Mal in Manhattan schaffte. Bei unseren Spaziergängen starrte sie mich an, als wäre ich vollkommen übergeschnappt, weil ich erwartete, dass sie den überfüllten, vor Gerüchen strotzenden Gehweg als Toilette benutzte wie alle anderen Stadthunde. Ich nahm an, sie fühlte sich wie ein Mädchen, das zum ersten Mal bei seinem neuen Freund zu Hause oder auf ein Festivalklo gehen musste – wenn irgend möglich, vermeidet man das. Man kann einfach nicht. Man hält ein. Aber Gizelle verstand nicht, dass sie es nicht ewig aufschieben konnte. Das Festival war jetzt ihr Zuhause.

Eine Woche verstrich. Ich begann mir Sorgen zu machen. Ich rief ihren Tierarzt an. Ich googelte »Mein Hund kackt nicht« und »Wie man seinen Hund dazu bringt, auf Asphalt zu kacken«. Wir liefen durch Hell's Kitchen zum Bryant Park, zu Parkplätzen, wo sie durch die Autos abgeschirmt gewesen wäre, zum Ufer am West Side Highway, aber Gizelle schnüffelte nur. Ich verspürte den starken Drang, ihr den »Hunde verboten«-Rasen im Bryant Park zu erlauben, wenn Exklusivität das war, was sie brauchte, ließ es dann aber doch bleiben. Und dann passierte es eines Tages ausgerechnet Kimmy.

Kimmy und Gizelle waren auf der 43rd Street und Tenth Avenue in der Nähe eines Dunkin' Donuts, eines Lieblingsladens von Kimmy. Weil sie es eilig hatte, war Kimmy auf volles Risiko gegangen und hatte keinen Hundekotbeutel von Trader Joe's eingesteckt, eine extrem ungünstige Entscheidung. Gizelle hatte lang genug gewartet. Plötzlich blieb sie auf dem belebten Bürgersteig stehen und hockte sich hin. Nach einer Woche war Gizelles Geschäft so groß, dass es, wie Kimmy sagte, das Empire State Building hätte ins Wanken bringen können. Entsetzt wichen die Leute dem gewaltigen Haufen aus, während Kimmy mit leeren Händen dastand, die Arme ausgebreitet wie ein Torwart, um zu verhindern, dass jemand hineintrat. Sie wusste nicht, was sie tun sollte. Aber dann hielt sie die Luft an, kramte einen eimergroßen Dunkin'-Donuts-Kaffeebecher aus dem Müll, schaufelte damit Gizelles gewaltigen Haufen auf und stellte ihn auf einen ohnehin schon überquellenden Mülleimer. Gleich darauf schrieb sie mir eine Nachricht: »OMG! Gizelle hat gekackt! Und wie! Giz' Haufen sind riesig.« Ich textete Kackhaufen- und Konfetti-Feier-Emojis zurück, und wir fragten uns, ob es sich so ähnlich anfühlte, wenn das eigene Baby erwachsen wurde und den Nobelpreis bekam.

Der Times Square wird nicht umsonst »Crossroads of the World«, Kreuzung der Welt, genannt. Über dreihunderttausend Fußgänger überqueren ihn täglich. Alle möglichen Menschen schienen sich dort an einem Ort zu sammeln, und Gizelle und ich lebten mitten unter ihnen. Manchmal fühlte es sich an wie eine Mischung aus Las Vegas und Disneyland. Und manchmal so, als wären wir in einen Brunnen gefallen und in diesem seltsamen Land mit dem Hupen von Taxis und dem Lärm von Presslufthammern und ganz schön vielen Menschen aufgewacht. Was lustig war, denn genau das passiert in *Verwünscht*, dem Film, nach dessen Hauptfigur Gizelle benannt wurde. Die naive Prinzessin Giselle (Amy Adams) wird von einer bösen Königin in einen Brunnen gestoßen und stürzt aus ihrer perfekten Comic-Märchenwelt ins wahre Leben. Und sie landet tatsächlich am Times Square.

Ich begriff schnell, weshalb die Leute New York als Dschungel bezeichneten: Ein Dschungel ist voll von exotischen Kreaturen. Dank Gizelle lernte ich viele von ihnen kennen. Einer meiner Lieblinge war unser verrückter Flyer-Verteil-Freund, der mit einem Schild für den Diamond-Stripclub an der Ecke 43rd Street / Eighth Avenue stand. Er trug eine Brille, war um die fünfzig, und sein Haar sah aus, als würde er gern mit Elektrizität experimentieren. Unsere Gespräche verliefen meistens so:

»Ooooh, hey, Gizelle! Hallo!« Er versäumte es nie, sie zu grüßen, auch wenn wir ihn meistens hektisch bei der Arbeit antrafen. Er winkte jedes Mal aufgeregt – keine Chance, einfach vorbeizugehen, ohne stehenzubleiben. Er beugte sich zu Gizelle hinunter und streichelte sie, machte große Augen hinter seiner Brille, während sie höflich mit dem Schwanz wedelte. »Wie geht es dir, Gizelle? Wie geht es den Damen?«

»Prima«, antwortete ich wie üblich für Gizelle mit. »Wie geht es Ihnen?«

»O, auch gut … Strippers for free! Lapdances! …«, rief er mitten im Gespräch.

»… alles bestens. Ich arbeite, zahle meine Rechnungen … Nackte Ladies! Klasse Girls!« Jemand nahm einen Flyer mit einer üppigen halbnackten Kardashian-ähnlichen Frau darauf, und er hielt gleich den nächsten hoch.

»Auf dem Weg in den Park?«

»Ja, wir wollen ein bisschen laufen, frische Luft schnappen.«

»Stripperinnen! Exotische Stripperinnen! … Super. Ich bin auch gern an der frischen Luft.«

Ich lächelte und nickte zustimmend.

»Okay, gut, einen schönen Abend, Ladies. Bis morgen hoffentlich. Tschüss, Gizelle … Stripperinnen! Heiße, sexy Girls!«

Wir kannten nicht einmal unsere Namen – es wäre eine Verletzung des New Yorker Verhaltenskodex' gewesen, nach solch persönlichen Details zu fragen. Aber Gizelles Namen kannte er. Wir unterhielten uns fast jeden Tag, er rieb Gizelles Kopf genau auf die richtige Weise, und sie mochte ihn, legte ihm manchmal sogar das Kinn aufs Knie, während er ihr die Ohren kraulte. Ich mochte ihn auch. Und ohne Gizelle hätte ich nie einen Grund gehabt, mit ihm zu reden. Ich fragte mich, ob ich wohl »Angst vor Fremden« von der Liste mit Gizelles Ängsten streichen konnte.

Eine weitere Lieblingsbekanntschaft von mir war der Typ, der aussah wie John Candy, ein schwarzes Phantom-der-Oper-T-Shirt trug und darüber ein offenes, rotes Hawaiihemd. Ich begegnete ihm vor dem Shake-Shack-Burgerladen auf der Eighth Avenue. Er beäugte Gizelle neugierig, bevor er sie ansprach: »Hallo, großes Baby!« (Er war uns sofort sympathisch.)

Dann sah er mich an.

»Darf ich deinen Hund streicheln?«

»Natürlich!« Ich ging näher heran.

Einen Augenblick ballte er die Hände zu Fäusten vor Freude, dann bückte er sich, um Gizelle am Kopf zu streicheln.

»Wie heißt das Hündchen?«, fragte er und sah sie zärtlich an.

»Gizelle«, antwortete ich stolz.

Stumm öffnete er den Mund. »O mein GOTT. GIZELLE? Aus *Verwünscht*?« Bei jedem Satz schraubte sich seine Stimme eine Tonlage höher. Ich lächelte. »Ja, Sie kennen den Film? Den kennt sonst niemand.«

Er schlug die Hände zusammen.

»OmeinGott. *Mädchen*. Natürlich kenne ich ihn.«

Was als Nächstes geschah, war filmreif. Der Mann verbeugte sich vor Gizelle, in einer langen, tiefen Ballettverbeugung, und

78

sang dann Amy Adams' »Flottes Aufräumlied«. Er wiegte sich und wirbelte über den Gehweg, während die Passanten vorbeiliefen. Sie starrten Gizelle an, ignorierten diesen Disney-Maestro aber völlig. Ich schwang Gizelles Leine im Rhythmus, überzeugt, dass so etwas nur in New York passieren konnte, aber auch, dass wir uns wirklich in dem Film *Verwünscht* befanden und durch einen Brunnen in ein wunderbares, exzentrisches Land gefallen waren, wo es Menschen wie ihn gab.

Obwohl Gizelle sich in New York bewegte, als sei sie dort geboren, fragte ich mich oft, wie es ihr mit ihrem neuen Leben ging. Fühlte sie sich wohl? Oder fühlte sie sich fehl am Platz? Sie wirkte ziemlich zufrieden, aber manches jagte ihr nach wie vor Angst ein. Busse, zum Beispiel. Diese Angst überwand sie nie. Sie wich langsam zurück, wenn der M20 die Eighth Avenue entlangraste; wenn er anhielt und die Bremsen laut zischten, sprang sie auf die Häuserwand zu, riss mich mit sich und presste ihren großen Körper gegen die Mauer. Ich zucke immer noch zusammen, wenn ich einen Bus bremsen höre. »Alles gut, Mädchen, keine Angst«, beschwichtigte ich sie, rieb ihr die Ohren und beruhigte sie, bis sie ihre Angst abschütteln und wir weiter durch unser Viertel gehen konnten.

Manchmal bekam auch ich dort einen Schreck. Wir lebten in der Nähe des sogenannten »Times Scare«, einem Spuktheater. Als ob die Typen mit den rollenden Hotdog-Wagen in Warp-Geschwindigkeit nicht ausreichten oder die Tausenden von Touristen, die in ihre Spiegelreflexkameras starrten, die Straßenkünstler, die ihre CDs anpriesen, der Typ, der einen mit »free hugs« verfolgte, oder die Leute, die Gizelle und mich beschimpften – gab es da noch Menschen, die als Zombies verkleidet waren. Sie zogen mit blutigen Schnittwunden und Bissen im Gesicht durch unsere Straße und knurrten und fauchten Touristen an, um für Vorstellungen zu werben. Bedenkt

79

man, wo Gizelle und ich aufgewachsen sind – in einem so ruhigen Vorort von Nashville, dass Rehe und wilde Truthähne in unserem Garten herumliefen –, stellte die Gemeinde am Times Square eine interessante und manchmal beängstigende neue Normalität dar.

Gelegentlich gingen wir die 43rd Street zum Hudson River hinunter, um dort neben einem Hundeauslauf, der aussah wie ein paar von einem Zaun umgebene Parkplätze, frische Luft zu schnappen. Ich lehnte mich ans Geländer am Fluss und blickte aufs Wasser hinaus. Der erdige, salzige Geruch von Müll vermischt mit Wasser drang mir in die Nase und erinnerte mich daran, dass ich auf einer Insel lebte. Ich war mir nicht sicher, ob wir darauf gefangen waren wie die Hunde im Auslauf oder ob wir in dieser großen Stadt mit unserer Welt aus Strippern, Zombies und allem dazwischen aufblühen würden.

Ein Freund hatte mal gesagt, New York sei der einzige Ort, an dem man die Welt bereisen konnte, ohne die Stadtgrenzen zu überschreiten, und ich hoffte, dass das stimmte, denn Gizelle und ich würden hierbleiben – autolos, unübersehbar und lebenshungrig. Das einzige andere Zuhause, das wir kannten, lag Hunderte Meilen entfernt in Tennessee. Wir hatten unser erstes Erwachsenen-Apartment auf meinen Namen gemietet und hatten Rechnungen zu bezahlen.

Ich beobachtete Flugzeuge über dem Hudson und stellte mir vor, in eins zu steigen. Ich wollte noch mehr Neues, ich wollte weiter reisen. Aber es ging nicht. Ich hatte Verpflichtungen – musste als vielbeschäftigte junge Frau für einen Hund sorgen, einen richtigen Job finden, die Miete bezahlen, mich um meine Altersvorsorge kümmern. Das Collegeleben und die Reisen sah ich nur noch im Rückspiegel! Egal, wie sehr ich weg wollte, ich würde mit meinem Hund auf dieser verrückten Insel Manhattan festsitzen. Aber es hat Vorteile, als Mädchen einen großen Hund, den die Leute für Cujo oder Godzilla hielten, zu besitzen. Vielleicht konnten wir *quasi* flüchten.

Es begann im abendlichen Central Park, wohin ich mich ohne den Dinosaurier an meiner Seite nicht getraut hätte. Wir rannten die Eighth Avenue entlang, und die Gäste der Bars und Restaurants sahen uns an, als wären wir die Figuren aus *Madagascar* auf der Flucht aus dem Zoo. Die 99-Cent-Pizza-Typen hielten inne, einen Klumpen Teig in der Hand, die Shake-Shack-Gäste starrten durch die Glasfassade, eine Reihe von Köpfen drehte sich synchron, als wir bei den NYC-Misfits vorbeirasten. Wir schossen durch die Herde des Feierabend-verkehrs, schneller als alle anderen, sprinteten durch die bei-seite springenden Anzugträger. Wir hatten eine Mission: die Welt aus Beton und Wolkenkratzern hinter uns zu lassen.

Als wir den Columbus Circle überquert hatten und bei den Bäumen angekommen waren, sah ich Gizelle an und sagte genau wie damals im College: »Na, bereit? Da sind wir! Guck mal, hier gibt es Gras! Sieh dir das an!« Ich ließ sie von der Leine, und wir verschwanden im Park. Meine Füße streiften leicht das Gras, und Gizelles Pfoten gruben sich in die Erde, als sie eine scharfe Wende machte. Und auch wenn es nicht so still war wie auf den Smokey Mountains, entspannte ich, als ich unsere Füße und Pfoten auf den Boden trommeln hörte.

Wir joggten durch die Bäume zum Gehweg, und manchmal liefen wir bis zum Literary Walk, wo ich nach oben in den kla-ren Himmel schaute. *Ich bin im Central Park! Am Abend! Mit Gizelle!*, dachte ich. Diese Tatsache war all die Gedanken wert, die ich mir um meinen Neuanfang in Manhattan machte. Mit Gizelle fühlte ich mich auch abends im Park sicher: Sie reichte mir bis zu den Oberschenkeln, besaß eine breite Brust und einen kraftvollen, selbstsicheren Gang. Ein Fremder konn-te nicht ahnen, dass mein Hund mit dem Kopf in der Größe eines Basketballs in Wirklichkeit Angst vor Bällen hatte. Aber Gizelle spielte nicht nur meinen Leibwächter. Ich war dreiundzwanzig und hatte keine Ahnung, was ich mit meinem Leben anfangen sollte. Doch wenn Gizelle und ich durch den Park rannten, verschwanden meine Ängste. Ich wusste, solange ich sie hatte, würde ich niemals einsam sein.

Tagsüber gehörte der Central Park Millionen anderen New Yorkern, abends nur uns. Wir gingen gern zu dem großen Tunnel mit der Mosaikdecke am Bethesda-Brunnen. Er war ruhig und leuchtete golden. Wir machten die verschiedensten Entdeckungen darin. Einmal probte eine Frau in einem Abendkleid Puccini, und wir setzten uns auf den Boden für eine private Opernvorstellung. An einem anderen Abend spielte dort ein Geiger mit Zylinder, von dem wir uns alles Mögliche wünschen durften. »Bob Dylan! »Elvis!« »Justin Timberlake!« »König der Löwen!«

Wenn ich dann nach Hause schlenderte, fühlte ich mich selbst wie ein Tourist, den Blick gen Himmel gerichtet. Häufig landeten wir dann noch bei der New York Public Library am Bryant Park. Die Treppe war leer, und ich ließ Gizelles Leine locker, damit sie die Stufen auf und ab streifen und nach Herzenslust schnüffeln konnte, bis sie einen Platz zum Sitzen gefunden hatte, wobei ihr Hinterteil auf einer Treppenstufe ruhte und ihre Pfoten auf der darunter standen. Ich setzte mich zu ihr und legte den Arm um sie, lehnte den Kopf an ihre Schulter, als wäre sie ein Mensch und dies unsere Bank im Vorgarten – was ja in gewisser Weise auch stimmte.

Aber für unseren Lieblingsfluchtort musste ich nicht einmal Schuhe anziehen oder das Haus verlassen. Abends schlichen wir fünf Etagen hinauf auf das Dach von Rio. Ich stieß eine kaputte Tür auf, die mit BETRETEN DES DACHES VERBOTEN beschriftet war, und betrat das Dach. Die frische Luft traf hart auf mein Gesicht. Okay, der Boden des Daches wellte sich zu einem leichten U, er sah aus, als hätte ihn jemand mit Klebeband repariert, Kabel hingen scheinbar nutzlos herum, und wenn es regnete, bildeten sich Pfützen. Aber dafür hatten wir eine Aussicht über die Lichter der Stadt. Ich steckte mir die weißen Kopfhörer ins Ohr und wärmte mich auf fürs Ballett. Und dann tanzte ich – hoffentlich ohne gesehen zu werden –, Pas de bourrées, vollführte Sprünge und Drehungen quer über das Dach, als stünde ich auf der Bühne des City Centers. Gizelle lag da und schaute mir zu, schlug mit dem Schwanz auf den Boden, wenn ich meine Zehenübungen machte und in ihre Richtung knickste.

Auf dem Dach beobachtete mich außer Gizelle niemand. Und sie tat es mit einer Hingabe, als hätte sie ihren Jahresvorrat an Hundeleckerchen für einen Platz in der ersten Reihe meiner Show ausgegeben, als wäre mein Auftritt Oscar-reif. Manchmal sah sie mich an, als liebte sie mich mehr als alles andere auf der Welt. Und manchmal, als wäre ich für sie die ganze Welt.

6
Ein richtiger Job

»Dein Lebenslauf sieht super aus, Lauren.«

Es WAR NICHT zu leugnen: New York war *teuer*. Die Basics erfüllte ich: Ich war Tischzuweiserin in einem Restaurant und würde bald zur Kellnerin aufsteigen. Wie die meisten jungen Leute in New York sparte ich an allen Ecken und Enden: Kein Kabelfernsehen, kein Auswärtsessen, keine Mitgliedschaft im Fitnessstudio. Mein Unterhaltungsprogramm bestand in den Spaziergängen mit meinem Hund. Aber einen Hund zu besitzen, insbesondere einen in Gizelles Größe, war in New York auch schon ein Luxus. Gizelles Lebensmittelrechnungen waren höher als meine, sie musste häufig wegen verschiedener Zipperlein zum Tierarzt – eine Augenentzündung, ein Harnwegsinfekt – und sie brauchte Herzwurm-, Floh- und Zeckenschutz, Hundesitter, Ohrenreinigungsmittel und Impfungen – und weil sie so groß war, waren es ihre Rechnungen auch. Also setzte ich auf die »… aber Gizelle ist doch unser Familienhund«-Karte, und Mom und Dad halfen aus, während ich verzweifelt nach einem ersten richtigen Job suchte, damit ich sie irgendwann selbst übernehmen konnte.

Wie viele neugierige junge Menschen in den Zwanzigern, die nach New York ziehen, kam ich mit großen Träumen, wenig Erspartem und kaum Kontakten in die Stadt. Ich wusste nur, wenn ich mein Stück vom Big Apple abbekommen wollte, würde ich dafür arbeiten müssen. Und auch wenn ich nicht viele Chancen auf Jobs hatte und meine »Arbeitserfahrung« nicht viel hermachte – ein Praktikum in Dads Büro, Kassiererin an einem Stand für Hausschuhe in einem Einkaufszentrum, Kellnerin bei Ruby Tuesday –, wollte ich unbedingt einen Job, bei dem ich kreativ werden und an Projekten arbeiten konnte, die mir wichtig waren. (Ich weiß – *Millenials*.)

Das Restaurant, in dem ich Tischzuweiserin war, befand sich an der Upper West Side und bot eine verwirrende Mischung aus Sushi, Fajitas, Burgern und Pasta Primavera an. Wenn ich nach meiner Schicht im Hi-Life Bar & Grill nach Hause kam, duschte ich und kroch in der Regel sofort ins Bett. Doch anstatt sofort einzuschlafen, dachte ich an das, was Dad mir zu sagen pflegte: »Bleib dran und arbeite hart.« Und wie Kimmy mir immer wieder versicherte: »Irgendwann wird dich jemand einstellen.« Also klappte ich den Laptop auf und schob meine Zehen unter Gizelles Körper. Mir war klar, dass es nur eine einzige Möglichkeit gab, mich als die beste Kandidatin für den Traumjob in New York City anzupreisen und die High Heels, die ich mir gelegentlich von Kimmy lieh, in eines der glänzenden Gebäude in Midtown zu tragen. Mein goldenes Ticket für einen Job in Manhattan war: mein Lebenslauf.

Das abendliche Hupen drang vom Times Square in unsere Wohnung. *Wie lasse ich mein Leben bedeutender klingen, als es ist?*, überlegte ich und spielte mit den Fingern auf der Tastatur. Ich betrachtete Gizelle, die quer über meinen Füßen lag, und klopfte aufs Bett, damit sie zu mir hinaufkam, was sie auch tat: Sie wuchtete sich hoch, bis sie mit der Nase an meinem Computer lag, während ihr Körper bequem an meine Beine gelehnt war. Ich saß einen Augenblick nur da, streichelte ihre Wangen und die seidigen Ohren. Ich wusste genau, was ich brauchte. Schlagwörter. Wörter wie:

Exzellente kommunikative Fähigkeiten. Okay, das stimmte sogar. Meine beste Freundin war kein Mensch, dennoch hatte ich gerade erfolgreich mit ihr kommuniziert.

Problemlöserin. Ich lebte mit einem Hund in der Größe eines Mini Coopers in Manhattan. Mehr muss ich wohl nicht sagen.

Strategin und Teamplayerin. Gizelle bei mir zu haben erforderte, die Spaziergänge mit Kimmy zu koordinieren sowie mit einer Reihe vertrauenswürdiger Gratis-Hundesitter zusammenzuarbeiten.

Kann gut vor Leuten sprechen. Ich hatte vor großen Touristengruppen Reden gehalten wie: »Das ist Gizelle, sie wiegt ungefähr hundertsechzig Pfund. Ja, das sind etwa fünfundsiebzig Kilo. Ja, ihr Fell nennt man gestromt. Nein, Sie dürfen nicht auf ihr reiten, Sir. Ja, *English* Mastiff. Nein, kein Cane Corso. Nein, auch kein Chihuahua. (Ha ha.) Ja, Sie dürfen ein Foto von ihr machen ...«

Dann behauptete ich noch, Excel und Photoshop zu beherrschen, organisiert und detailversessen zu sein, und mit diesem Lebenslauf zog ich los und bewarb mich auf nahezu jeden Einstiegsjob in Manhattan, in der Hoffnung, so den ersten Karriereschritt zu machen.

Mein Traum war es, Reisejournalistin zu werden. Außerdem wollte ich meine eigene T-Shirt-Firma aufbauen, eine Non-Profit-Organisation für große Hunde gründen und ein Restaurant namens »Kohlenhydrate, die man in Zeug dippt« aufmachen. Aber ich wusste nicht, wie man all das anging. Was ich wusste: Wie hoch die Miete war. Also schraubte ich meine Erwartungen erst einmal herunter und konzentrierte mich darauf, eine sichere Stelle zu finden, eine mit Perspektive, auch wenn ich manchmal Angst davor hatte, was für eine Perspektive das sein mochte. Oft dachte ich, ich wäre nur ein unbegabtes, schusseliges mittleres Kind, das zu viel auf einmal sein wollte. Ich war ein verwirrtes Mädchen, das Angst hatte, erwachsen zu werden, und wünschte, es könne für immer und ewig herumhampeln und müsse sich nie festlegen.

Aber ich schob diese Ängste beiseite und setzte mir in den Kopf, eine Arbeit zu finden, so wie Gizelle sich in den Kopf setzte, ein Stück 99-Cent-Pizza zu bekommen, wenn ich zufällig eins in der Hand hatte. Sie starrte es zugleich verzweifelt und entschlossen an, als würde es auf wundersame Weise ihres, wenn sie es nur lang genug ansah. Ich wollte einen dieser wichtigen, fordernden, beliebten Jobs in Manhattan mit kostenlosem San Pellegrino in der Küche und Bonbons am Empfang, einem Postzimmer, Sicherheitskontrolle am Eingang, einem Ausweis mit meinem Foto darauf und der Aussicht aufs Empire State Building. *Ich* wollte einen Bleistiftrock tragen! Und ich würde nicht aufgeben, nicht einmal für eine Sekunde; ich würde meine Augen offenhalten, bis ich diesen Job bekam.

Ich muss zugeben, neben meiner Zeit im Restaurant eine Arbeit zu suchen war gar nicht *so* schlimm. Ich konnte den ganzen Tag mit Gizelle verbringen. Manchmal machten wir eine Pause und flanierten zum Beispiel an einem Dienstagnachmittag durch den Central Park. Ich konnte meinen Laptop in den Bryant Park mitnehmen und mich unter den Baumkronen auf Stellen bewerben, während Gizelle an meinen Füßen saß.

Ich schickte einfach immer wieder meinen Lebenslauf raus und bekam dadurch sogar einige Jobs. Ich schrieb auf Honorarbasis einen Artikel über Tellerwäscher und Autoreifen und bekam dann einen Job bei einer Zeitarbeitsfirma, wo ich Dokumente archivierte, die scheinbar in Hieroglyphen verfasst waren. In der Woche darauf assistierte ich einem renommierten Promi-Anwalt im West Village, der sich umdrehte und mich anstarrte, als ich ans Telefon ging, und mich fragte, ob das wirklich meine »echte Stimme« sei. (Ich habe übrigens immer noch Moms hohe Stimme.) Ich arbeitete kurzfristig in Showrooms in SoHo und an Empfangstresen in Midtown, ging zu Dutzenden Vorstellungsgesprächen und bekam nur Absagen. *Mit dieser verdammten Stimme wird mich niemals irgendjemand ernst nehmen.* Ich bewarb mich auch auf alle Schreibjobs, die Jobbörsen wie Craigslist anboten, aber es schien, als würden mir weder mein Schreibtalent noch meine Persönlichkeit noch irgendeine der anderen Ressourcen, auf die ich mich verließ, eine Anstellung verschaffen.

Langsam fühlte ich mich wie ein Niemand. Ich hatte immer noch den Drang, aktiv und produktiv zu bleiben, jede Sekunde zu nutzen. Also bekam ich jedes Mal, wenn ich mit Kimmy ausging, zu viel trank und einen Samstag verschlief, ein schlechtes Gewissen. Blieb ich dagegen zu Hause, hatte ich Schuldgefühle, weil ich mich mit Anfang zwanzig nicht ins New Yorker Nachtleben stürzte. So hatte ich das Gefühl, nichts richtig zu machen. Alles, was ich wollte, war, in meiner eigenen Gegenwart zu leben und zu glauben, dass ich mich am richtigen Ort befand, aber meistens machte ich mir nur Gedanken über die Orte, an denen ich nicht war.

Ein abendlicher Besuch mit Gizelle im Central Park war immer eine willkommene Auszeit. Wenn wir den Columbus Circle überquerten und bei den Bäumen ankamen, ließ ich sie von der Leine und fühlte mich jedes Mal, als wären wir über einen Zaun gesprungen und endlich frei. Ich sah Gizelle zu, wie sie loslief, und rannte dann hinter ihr her, zwischen den Straßenlaternen hindurch hin zu den Bäumen, während der Stadtlärm sich in der Ferne verlor.

Ich wollte Gizelle nicht zu sehr strapazieren beim Laufen, selbst aber trainieren, also erfand ich den »Mastiff Run«, ein Training, bei dem ich praktisch auf der Stelle lief und die Knie hochzog, während Gizelle neben mir her trabte, ohne den Druck, mithalten zu müssen. Diese Lauftechnik war bestimmt nicht die eleganteste, aber sie war super für die Zeit abends im Park, wenn niemand wirklich zusah.

Doch manchmal rannten wir tatsächlich. Schnell. »Los, Mädchen! Lauf! Lauf! Lauf!«, rief ich Gizelle zu, wenn unsere

Schritte auf den Bürgersteig der 95th Street trommelten. Wenn ich lief, fühlte ich mich stark und das Leben schien einfach zu sein. Ich musste keine Entscheidungen treffen; das Einzige, was ich tun musste, war einen Fuß vor den anderen zu setzen und nicht zurückzublicken. Wenn ich lief, war es leicht, nach vorn zu sehen und mich auf eine einzige Sache zu konzentrieren. Um fokussiert zu bleiben und das Leben, das vor mir lag, zu organisieren, schrieb ich weiterhin Listen.

Eines Abends nach vielen Listen, vielen Lebensläufen und einigen Monaten mit Vorstellungsgesprächen, Zeitarbeit und dem Versuch, »dranzubleiben«, saß ich mit Gizelle auf dem Futon und wertete weitere Jobmöglichkeiten aus (das heißt, ich stalkte all die Menschen auf Instagram, die Jobs hatten und ihr Leben hundertmal besser auf die Reihe bekamen als ich), als eine E-Mail in meinem Postfach landete von Derek, Fashion-PR-Director. Ich hatte in seinem Büro gejobbt und einige Wochen zuvor ein Bewerbungsgespräch dort gehabt.

»Kimmy!«, quietschte ich. Sie stand unter der Dusche. »*Kimmy!*«, rief ich lauter, sprang mit dem Laptop in der Hand vom Futon auf und stürzte ins dampfende Badezimmer, Gizelle dicht hinter mir, die sich ebenfalls hineinschmuggeln wollte. Ich riss den Duschvorhang auf.

»Kimmy!«

»Ja?«, fragte sie und wischte sich Schaum von den Augen, kein bisschen überrascht, dass ich einfach so hereinplatzte, während sie duschte. Nichts konnte sie aus der Fassung bringen.

»Kimmy! Ich habe einen Job!«

»Du hast einen Job?« Ihre Miene hellte sich auf.

»Ja, einen Job! Einen richtigen Job!«

Sie drehte das Wasser ab, sprang aus der Dusche, wickelte

sich in ein Handtuch und gab mir High-Fives. Das machte Gizelle ganz nervös, und sie schlug mit dem Schwanz gegen den Türrahmen, während sie das Wasser vom Boden leckte und immer noch versuchte, sich irgendwie ins Badezimmer zu schlängeln. »Erzähl! Alles! Was ist das für ein Job?«

Meine erste Stelle war in genau so einem Büro, wie ich es mir vorgestellt hatte. Minimalistisch möbliert, mit modernen weißen Lampen, Betonböden und weißen Zierleisten sowie Gestellen mit Kleidern über schicke Flure verstreut. Es gab große Fenster mit Blick Richtung Süden auf den Freedom Tower und Richtung Norden über Tribeca und das übrige Manhattan. Sie hatten dort sogar eine Cafeteria mit bezahlbaren Gerichten wie Grünkohl mit gegrilltem Käse! Ich bekam eine offizielle Bezeichnung und eine E-Mail-Signatur:

Lauren Fern Watt
Gap Public Relations
PR Assistant, North America, Fashion PR
55 Thomas Street, 14th Floor

Mein erster offizieller Job, und dann noch bei Gap, der weltbekannten Kleidungsmarke. Am ersten Tag erhielt ich eine Karte mit Foto. *Tschacka!* Ich fuhr mit dem Aufzug, in dem es einen Fernseher gab, in den vierzehnten Stock. *Tschacka!* Ich sah hinaus aufs Empire State Building und bügelte bei einem Fotoshooting einen Stapel Kleider zu Hiphop-Musik. *Tschacka!* Dann zeigte man mir mein Büro. Neben der Tür befand sich ein Schild. Ich hoffte, dass LAUREN FERN WATT, PR ASSISTANT darauf stand, aber das war leider nicht der Fall. Da stand: KLEIDERKAMMER.

Es machte mir nichts aus, in einer Kammer zu arbeiten. Es

war auch eher ein riesiger Lagerraum mit Kartons und Regalen voller Kleidung, einem Tisch mit einem veralteten Dell-Laptop und einer Pinnwand, an der ich ein Foto von Gizelle befestigte. Die Kammer besaß sogar ein Fenster, das auf die Backsteinwand eines anderen Gebäudes zeigte. New Yorks Version eines Buntglasfensters, wenn man mich fragt. In dem Raum befanden sich Berge von Schuhen und zahlreiche Kleiderständer mit Chambray, Parkas, Grobstrick-Pullovern und Jacken bunt durcheinandergewürfelt. Dort herrschte ein Chaos, als hätten Black-Friday-Shopper ein Gap-Outlet auf den Kopf gestellt und dann alles in diesen Raum geworfen.

Mein Chef Derek war für die Modebranche geboren. Er stolzierte in seiner Jeansjacke von 1969 mit einem Schwarm Stylisten und Redakteuren in die Kammer hinein und wieder hinaus und zog Kunstlederhandtaschen hervor für ein »Fünfzig unter fünfzig Dollar«-Weihnachtsgeschenk oder Flanellsachen für eine »Back to School in Karo«-Geschichte. Meistens brauchten sie nicht viel von mir, was mir das Gefühl gab, ziemlich überflüssig zu sein. Aber schlimmer war es eigentlich, *wenn* sie etwas von mir wollten. Jedes Mal, wenn Derek nach etwas fragte, stieg mir die Hitze in die Wangen, und ich plapperte sinnlos: »Ja! Der Academy Blazer! GQ! Ähhh … vielleicht! Die ikonische G-Patchwork-Navy-Bomberjacke?«

Es dauerte nicht lange, und ich begriff, dass mein Job hauptsächlich darin bestand, neue, innovative Wege zu finden, achtundsiebzig große Kisten mit Jeans in einer Kammer zu lagern, in der bereits achtundsiebzig Kisten mit Jeans standen – und wieder hervorzuholen. Eine Aufgabe, die mich manchmal an Gizelle erinnerte, wenn sie versuchte, sich morgens in unser kleines, schäbiges Bad zu quetschen, um sich zu Kimmy und mir zu gesellen, die bereits Schulter an Schulter eingeklemmt waren. Sie schob sich hinter unseren Beinen hinein, legte den

Kopf auf den Wannenrand und drückte uns gegen das Waschbecken, während Kimmy und ich gemeinsam den Spiegel benutzten, ein Fön auf der Toilette, Mascara im Waschbecken, und dann über den Shetland-Pony-großen Hund kletterten, um wieder hinauszukommen. Es war wirklich beeindruckend. Gizelle hatte ein Händchen dafür, Wege zu finden, in extrem beengte Räume zu passen. Und als ich bei der Arbeit in meiner Kammer saß, unter Kisten mit Jeans begraben, wünschte ich, Gizelle würde vorbeikommen und mir mit Hilfe ihrer Dinge-passend-machen-die-nicht-passen-Fähigkeit zeigen, wie ich die Kisten am besten unterbrachte.

Ich war kein Naturtalent im Kleiderkammer-Sortieren. Mir kam es fast so vor, als würde der Big Apple sagen: *Ach, du wolltest doch hart arbeiten, oder etwa nicht? Du wolltest die große Unternehmensleiter hinaufklettern? Dann beweise erst einmal, dass du aus diesen Kisten klettern kannst!* An den meisten Tagen mussten so viele ausgepackt werden, dass ich mir angewöhnte, ein paar ungeöffnete in der Kammer nach hinten zu schieben und die Etiketten auszutauschen, so dass die neuen alt aussahen. Oft verließ ich meinen Arbeitsplatz mit gesenktem Kopf, fühlte mich wie eine Versagerin und wünschte, ich wüsste, was meine Aufgabe im Leben war, wünschte, ich würde etwas Sinnvolleres tun.

Den Hund in einem Nine-to-five-Job unterzubringen war eine weitere Herausforderung. Jeden Abend dachte ich mir: *Okay, ich stehe ganz früh auf, gehe mit Gizelle in den Central Park, solange ich sie noch von der Leine lassen kann, lese, schreibe, meditiere oder sonst irgendwas und frisiere mich tatsächlich vor der Arbeit.* Aber dann begann der nächste Tag, und ich wachte erst auf, wenn Kimmy mir ein Kissen ins Gesicht warf und mir von der Tür aus zurief: »Ich war schon draußen mit Gizelle. Du bist spät dran!«

An anderen Morgen wachte ich zwar auf, weil mein Wecker in der am weitesten entfernten Ecke meines Zimmers klingelte, wohin ich ihn gestellt hatte, damit ich aufstehen *musste*, um ihn auszuschalten, aber meine erste Reaktion war Verweigerung. *Ich muss keinen Spaziergang vor der Arbeit reinquetschen. Ich kann auf keinen Fall in das Chaos am Times Square gehen und einen großen, dampfenden Haufen Kacke vor Publikum aufheben, etwas zum Anziehen finden und in eine überfüllte Bahn steigen, damit ich um neun Uhr bei der Arbeit bin. Was hat mich nur geritten, als ich dachte, ich wolle genau das tun? Das muss ein grausamer Scherz sein.*

Aber Gizelle gehörte mir, und damit trug ich auch die Verantwortung für sie. Wenn ich mich vor diesen Spaziergängen drückte und zu lang im Bett liegen blieb, erinnerte ich mich an Mom. Ich konnte nicht einmal ein Nickerchen halten oder herumliegen und fernsehen, ohne enorme Schuldgefühle wegen meiner Faulheit zu bekommen. Also versuchte ich, besser darin zu werden, mit weniger »Schlummer«-Intervallen aufzustehen, um Gizelle auszuführen und pünktlich zur Arbeit zu kommen. Bald stellte ich fest: Wenn Gizelle und ich früh aufstanden, um sechs Uhr, waren die Straßen leer, und wir konnten zum Times Square laufen. Die aufgehende Sonne tauchte alles in Rosa. Es lagen keine weggeworfenen Broadway-Flyer oder sonstiger Müll herum, keine Comicfiguren oder Typen in grünen Oberteilen, die Bustour-Tickets verkauften, waren unterwegs, nur ein paar Straßenkehrer und ein paar lächelnde Familien, die vor den *Good Morning America*-Studios Kaffeebecher umklammerten. Es war ein Traum.

Der einzige Faktor, der das Bild manchmal zerstörte, war der Regen. Wenn es regnete, konnte es gut sein, dass Gizelle beschloss, an diesem Morgen ihr Geschäft lieber nicht zu machen. Dann gingen wir immer wieder um den Block.

»Komm schon, Mädchen! Tu's für mich!«, redete ich ihr gut zu. Aber Gizelle blieb an jedem einzelnen Baum stehen, um zu schnüffeln. Ich schüttelte die Leine. Sie schnupperte, ich bekam Hoffnungen, doch dann zog sie weiter zum nächsten Baum. »Gizelle! Ich komme zu spät!«, warnte ich sie und hielt meinen jämmerlichen kaputten Bodega-Schirm über unsere Köpfe, aber es nützte nichts. Wir wurden trotzdem nass. Gizelle schnüffelte weiter. »Passt dir denn keine einzige Stelle, Mädchen?«, fragte ich. »Soll ich dir einen Rosenbusch pflanzen, Prinzessin?« Sie trödelte von Baum zu Baum und schnupperte, bis ich aufgab. *(Dann musste sie eben den ganzen Tag einhalten.)* Ich eilte zurück zur Wohnung, über die Ninth Avenue mit Gizelle im Schlepptau, versuchte, noch schnell die Straße zu überqueren, bevor es rot wurde. Der Countdown lief: Sieben, sechs, fünf, vier …

»Los, Gizelle! Wir müssen uns beeilen!«

Und dann spürte ich mitten auf der Ninth Avenue ohne Vorwarnung einen Zug an der Leine, drehte mich um, und da hockte Gizelle, die Hinterläufe gekrümmt, und sah mich an.

Drei, zwei, eins …

HUUUUUUUUUUUUUP! HUUUP! HUUUP!

Abgesehen von den Gedanken, die ich mir darum machte, dass Gizelles grundlegende Bedürfnisse wie Spazierengehen befriedigt wurden, beschäftigte es mich, dass ich sie allein ließ. Gizelle machte die gesamte morgendliche Prozedur mit, folgte mir in unser winziges Bad, legte die Schnauze auf den Badewannenrand oder leckte Wasser vom Boden. Sie saß mir immer zu Füßen, wenn ich in der Küche war, folgte mir dann wieder in mein Zimmer, beobachtete mich, während ich Outfits anprobierte, und machte es sich schließlich gemütlich auf dem Haufen mit Oberteilen, die ich nicht anziehen wollte. Dann folgte sie mir zur Tür, wo sie mir nicht weiter folgen konnte. »Tschüss, mein Mädchen«, sagte ich traurig, und sie sah mich mit ihrem klassischen Mastiff-Gesichtsausdruck an, so verzweifelt und deprimiert – ich hätte schwören können, dass sie jeden Augenblick eine Träne vergießen würde. Dem Gesichtsausdruck, der mir fast das Herz brach. »Tut mir leid, dass du nicht mitkommen kannst.«

Sie hatte bei Bedarf einen Hundesitter, und der Tierarzt erinnerte mich daran, dass Mastiffs bis zu achtzehn Stunden am Tag schlafen können. Kimmy führte sie ebenfalls aus, manchmal ging sie dafür in ihrer Mittagspause nach Hause. Außerdem sagte der Tierarzt, wahrscheinlich wäre Gizelle ziemlich zufrieden damit, auf dem Futon herumzuliegen, während ich bei der Arbeit war. Trotzdem. Ich gab ihr extra viel Wasser und Futter, breitete ihr gesamtes Spielzeug auf der Couch aus, bevor ich ging, und versuchte, ihr das rote Seilspielzeug ins Maul zu geben, weil sie das am liebsten mochte. Manchmal ließen Kimmy und ich die Beach Boys für sie laufen, manchmal klassische Musik, eine Zeitlang sogar einen Italienisch-Sprachkurs. Dann eilte ich zur U-Bahn, nahm die Linie A nach Tribeca, fuhr mit dem Aufzug nach oben, sprintete zu meiner Kleiderkammer und fuhr fort, Fehler zu machen.

Ich schickte Blazer statt Parkas in Redaktionen, verlor wichtige Sneaker-Modelle, belästigte Derek mit Fragen, deren Antwort ich hätte kennen sollen. Ich mailte Kimmy meine Excel-Tabellen mit der Bitte um Hilfe (*Warum* habe ich bloß behauptet, ich würde Excel beherrschen?). Denkwürdig war der Tag, an dem wir feststellten, dass wir keine Boyfriendshorts in Größe vier für unser »Lifeisshortsevent« an *demselben* Abend hatten, woraufhin ich angewiesen wurde, jeden einzelnen Gap-Laden in Manhattan abzuklappern, um jedes verfügbare Paar Shorts in Größe vier in der Bleached-Sexy-Luna-Waschung mitzunehmen. »Bring so viele mit, wie du kannst!«, mailte mir mein Chef. Ich trieb neunzig auf, belohnte mich mit einer teuren Taxifahrt zurück und erhielt prompt eine Mail mit den Worten: »Neunzig?! Das Budget!«

»*Bleib dran, Kumpel! Du schaffst das!*«, sagte das Echo von Dads Stimme in meinem Kopf. Meine Mom unterstützte mich damals auch sehr. »Musst du zum Friseur, Süße? Kannst du dir das leisten? Komm, das geht auf mich!« und »Nein, nein, nein, dein Chef will dich nicht umbringen. Aber sorg dafür, dass du auch noch Dinge unternimmst, die dich glücklich machen. Ich bin so stolz auf dich, Schätzchen.« Ich blieb dran.

Nach genügend Fehlern stellte ich irgendwann fest, dass ich gar keine so große Katastrophe war. Ich war super darin, auf Knopfdruck zu lächeln, ich lernte, alle Hebel in Bewegung zu setzen und Dinge zu sagen, die Leute hören wollten, und durch meine Arbeitsmoral wurde es mit der Zeit leichter, die Kisten zu sortieren. Aber ich fragte mich häufig, ob PR etwas für mich war. Ich sah die Redakteure und Redakteurinnen, die in meine Kammer rauschten und wieder verschwanden. Sie schienen einen unheimlich wichtigen Anteil daran zu haben, was New York so großartig machte. Ich versuchte dankbar dafür zu sein, dass ich Arbeit hatte, aber im Big Apple und in dem Job bei einem Unternehmen mit all diesen coolen, wichtigen Trendsettern fühlte sich das Mädchen in der großen Kammer ziemlich klein. Ich fragte mich, was Gizelle und ich in dieser Stadt zu suchen hatten. Es war eindeutig: Gizelle war zu groß. Ich war zu klein. Das Einzige, was ich wusste, war, wenn ich bei Gap aufsteigen wollte, musste ich mindestens ein Jahr in dieser Kleiderkammer durchhalten. *Das war's mit Abenteuern*, dachte ich. Ich würde nie wieder reisen, nicht bei diesem Gehalt, nicht bei diesen Arbeitszeiten. Ich würde nirgendwohin gehen außer nach Hause zum Times Square, der Kreuzung der

Welt, von der globalen Kultmarke mit dem *G* zu dem anderen Kultobjekt *G*, das ganz allein meins war.

Glücklicherweise erinnerte Gizelle mich immer wieder daran, dass das um sich selbst kreisende New York, das einen dazu aufrief, dasselbe zu tun, nicht alles war. Ich war nicht die Einzige, die eine Rolle spielte, und mein Job in der Kammer war nicht alles. Gizelle war es egal, ob ich meinen Lebensunterhalt damit verdiente, Kisten auszupacken. Jedes Mal, wenn ich zur Tür hereinkam, sprang sie vom Futon (na ja, sie »sprang« nicht wirklich, sondern setzte zuerst die Vorderpfoten auf den Boden und bewegte dann laaaaangsam ihr Hinterteil herunter), und dann gewann sie wirklich an Fahrt, konnte ihre Freude nicht zurückhalten, wedelte und wackelte und tapste mit den Pfoten auf dem Boden herum. Gizelle half mir dabei, nicht dauernd über mich und meine Arbeit nachzudenken, sondern einfach meine Hündin zu füttern, weil sie Hunger hatte.

Dann kam Kimmy nach Hause. »Lust, heute Abend das Baby zu waschen, Pook?«, fragte sie oft an wärmeren Tagen und öffnete eine Flasche Zwei-Dollar-Wein nach ihrem eigenen langen Arbeitstag in einem Internet-Start-up. Ich betrachtete Gizelle, die durch ihre Abenteuer in den Straßen von New York meistens nicht gerade nach Rosen duftete, und dachte: *Sollten wir wohl machen.* Wir zogen unsere schäbigsten alten Shorts an, füllten Kaffeekanne, Teekessel und das Mixer-Gefäß mit warmem Wasser aus dem Hahn und marschierten alle drei in den Hinterhof. Wir drehten »Splish Splash I was takin' a bath« voll auf, tanzten und seiften Gizelle ein, die diese Bäder geduldig über sich ergehen ließ. Mit Ausnahme wenn wir uns so von der Musik mitreißen ließen, dass wir unser eigentliches Vorhaben vergaßen und auf das Sumpfsofa stiegen, die Handtücher über unseren Köpfen schwangen und wild tanzten. In diesem Fall ergriff Gizelle die Gelegenheit, sich zu schütteln, bevor wir ganz fertig waren. »Shake it, Gizelle! Shake it, girl!«, riefen wir und duckten uns schutzsuchend weg, wenn das Wasser aus ihrem Fell spritzte wie aus einer Sprinkleranlage.

Die Erleichterung, die ich empfand, wenn ich zu Kimmy und Gizelle nach Hause kam, brachte mich auf folgenden Gedanken … vielleicht war der Job in der Kammer einfach dazu da, meine wichtigeren Aufgaben zu finanzieren. Meine Aufgabe, Gizelle zu waschen und darüber zu lachen, wie albern sie aussah, wenn ihr das Wasser vom Kopf tropfte. Meine Aufgabe, mit meinen besten Freundinnen im Hof herumzutanzen, Gizelle mit einem warmen Handtuch abzutrocknen und sie dann fest zu drücken, wenn sie wieder sauber war und nach Hund und Seife roch. Ich musste das Mädchen aus der Kammer immer wieder bewusst daran erinnern, auch außerhalb der Kammer zu leben, zu lachen und zu lieben. Vielleicht hingen sich die Menschen deshalb solche Postkarten-Lebensweisheiten in ihre Wohnung? Selbst wenn ich im Job versagte und mich in New York immer noch wie ein Niemand fühlte, bedeutete das nicht, dass ich in allem anderen auch eine Versagerin war. Vielleicht konnte ich sogar einen Lebenslauf meiner menschlichen Qualitäten schreiben. Vielleicht müsste ich darin nicht einmal lügen. *Lauren Fern Watt: Völlig chaotisch. Weiß nicht, was sie tut, versucht aber, sich nicht unterkriegen zu lassen. Sehr gut in den Bereichen Leben, Lachen, Lieben.*

7
Jungs kennenlernen

»Tisch für drei?«

JEMAND HAT MAL zu mir gesagt, man wisse, dass man es in Manhattan geschafft hat, wenn man einen Job, einen Hund, eine Wohnung und einen Freund habe. Wenn das so war, lag ich bei drei von vier.

Jungs also. Kimmy und ich gingen in die Bars unseres Viertels, um nach ihnen Ausschau zu halten. Doch dort trafen wir nur auf Bänker, die mit ihrem Job verheiratet waren, Touristen oder süße Typen, die mit anderen süßen Typen Händchen hielten, und Mädels wie uns, die nach Jungs guckten. Bei Gap gab es auch nicht viele Optionen, die an mir interessiert gewesen wären, und auf dem Gehweg sah ich zwar attraktive Kerle, aber die liefen zu schnell an mir vorbei.

Das einzige Mal, dass Kimmy und ich tatsächlich süße Typen kennenlernten, war um Halloween herum, als wir gerade frisch in der Stadt angekommen waren. Wir waren als Pandabären verkleidet in eine Bar namens The Dead Poet in der Upper West Side gegangen. Dort in der Tür standen wie bei einem Doppeldate im Zoo zwei große, erfolgreiche männliche Eisbären. Das war Schicksal! Ehe wir es uns versahen (und nach einigen Shots zu viel), saßen wir vier Bären in einem Taxi nach Rio. Der Eisbär war weg, als ich aufwachte – ich habe seinen Namen vergessen, und er hinterließ keine Nummer. Aber er hatte etwas auf das Etch A Sketch an meiner Tür geschrieben: »Thx.« War das Leben als Single-Mädchen in New York immer so brutal?

Ich war nach New York gekommen, um mich selbst zu finden, keinen Freund, und war eigentlich zufrieden damit, die

Stadt mit Gizelle zu erkunden. Meine Unabhängigkeit gefiel mir, und es war mir wichtig, eine Frau zu sein, die für ihr Glück nicht auf andere angewiesen war, besonders nicht auf Männer. Aber je länger ich in New York war, desto klarer wurde mir, dass ich mich in einer Stadt mit acht Millionen Einwohnern allmählich ein wenig einsam fühlte. In einer Acht-Millionen-Stadt, in der ich nicht viele Menschen kannte. Und auch wenn ich stolz darauf war, keine Angst davor zu haben, etwas allein zu unternehmen, und Gizelle da war, weshalb ich gar keinen festen Freund *brauchte*, fühlte ich mich tief im Inneren wie die verschmähte Verliererin aus einem Walt-Disney-Film. Ich wollte daran glauben, dass ich mich eines Tages Hals über Kopf verlieben würde und der Mann meiner Träume sich ebenfalls in mich verlieben würde, und dann würden wir uns gegenseitig Dinge zeigen und gemeinsam lachen, und ich könnte mir das Leben ohne ihn gar nicht mehr vorstellen. (Doch das würde ich natürlich niemals vor irgendjemandem zugeben.)

Hey, man wird doch wohl noch träumen dürfen!? Aber man kann auch wieder auf den Boden der Tatsachen zurückkommen. Wenn ich etwas in New York gelernt habe, dann ist es Effizienz. Die Barszene langweilte mich schnell, außerdem war es teuer. Also war das einzig Sinnvolle, aufzuhören zu träumen, aufzuhören zu jammern und aufzuhören, mir zu sagen, dass Onlinedating nur etwas für Verzweifelte war. Stattdessen entschied ich mich dafür, eine der Apps zu nutzen, die die cleveren Silicon-Valley-Cupidos für uns einsame Menschen entwickelt hatten: Tinder.

Der erste Schritt, bei Tinder ein Profil zu erstellen, ist ein Profilfoto auszuwählen. Und der erste ist gleichzeitig auch der letzte. Tinder verbirgt nicht, welche Prioritäten dort herrschen. Abgesehen von einem kleinen weißen Textfeld ganz unten, in das man eine Selbstbeschreibung/Selbsterniedrigung vom Umfang eines Tweets eingeben kann, muss man nur einige Fotos hochladen. Es können auch Selfies sein. Das Ganze ist sehr einfach.

An einem Donnerstagabend sprangen Kimmy und ich ins kalte Wasser. Wir gammelten in Jogginghosen mit Gizelle auf dem Sofa herum und versenkten uns in unsere Smartphones. »Läuferin, Weltreisende, PR-Mädel aus Nashville. Lebt mit echt großem Hund in Manhattan«, tippte ich ein und lud ein schamloses, Aufmerksamkeit heischendes Selfie von mir und Gizelle hoch, weil ich mir dachte, wenn ein Typ nicht mit einem wirklich großen Hund klarkam, wäre es besser, ihn gleich auszusortieren. Ich wedelte Kimmy mit meinem Tinder-Meisterwerk vor der Nase herum, damit sie ihre Zustimmung gab. Gizelle hatte den Kopf in meinen Schoß gelegt und die Beine ausgestreckt, so dass Kimmy und ich in entgegengesetzte Ecken verbannt waren, bis wir die Füße auf ihren Körper legten. »Ja, ja, sieht super aus! Perfekt!«, sagte Kimmy, ohne überhaupt richtig aufzusehen, denn sie war schon längst Gast im Tinderland und wischte rasch mit den Fingern über ihr Handy. Ich legte auch los, sah mir skeptisch jeden jungen Mann innerhalb eines Fünfundzwanzig-Meilen-Radius' von Rio an, der behauptete, Single zu sein.

Brooks, fünfundzwanzig, der mit einem Tiger im Käfig posierte? Nee, da zog ich eindeutig den Pseudo-Tiger vor, dessen Schnauze in meinem Schoß vergraben war.

Muckibuden-Kevin mit den Lippen an einer Flasche Grey-Goose-Wodka? Wahrscheinlich nicht der Typ, der morgens aus dem Bett springen würde, um mit Gizelle zu gehen, während ich den Wecker auf »Schlummern« stellte. Außerdem bin ich eher der Bourbon-Typ.

Nick ohne Gesicht? Okay, deine Bauchmuskeln sind nett, aber gibt es zu diesem Körper auch einen Kopf?

Matt, der eine Katze küsst?

Ich meine … ich liebe Tiere … aber ich kann mir einfach nur einen Hundeliebhaber vorstellen.

Bei vielen Typen mit Hund wischte ich nach rechts. Sie waren eindeutig zu einfach zu haben. Und wenn es schon keine Hoffnung für mich gab, machte es Spaß, zumindest für Gizelle zu tindern und mir vorzustellen, sie würde neben einem der anderen Hunde aus den Profilbildern durch den Park laufen. *Links. Links. Links. Rechts. Links.* Ich wischte, lachte und stieß Kimmy mit dem Fuß an, um ihr die Typen zu zeigen, die ich besonders albern fand, kicherte wie ein kleines Mädchen über die Jungs, die auf dem Bildschirm um Aufmerksamkeit buhlten. Währenddessen stieß Gizelle eine Reihe regelmäßiger, tiefer Seufzer aus. Sie atmete leise ein, aber ihre Ausatmer klangen wie das Stöhnen von Chewbacca. Wäre sie imstande gewesen, die Augen zu verdrehen, hätte sie es getan. Ich tätschelte ihr leicht den Kopf, wischte weiter und da …

»Ein Match!« Die Wörter tanzten über den Bildschirm mit der geballten Eleganz einer PowerPoint-Präsentation. Ich versuchte mich zu erinnern, welcher noch mal »Conner, 27« war. Von seinem Profil hatte kein Hund »Hallo« geschrien, aber das schloss ihn ja nicht aus. Ich beschäftigte mich noch intensiver mit meinem Handy, um mehr herauszufinden. Wir hatten beide Bungee-Jumping-Bilder hochgeladen, und er war offenbar auch nach Machu Picchu gewandert – es sei denn, er hatte seine Bilder wirklich geschickt mit Photoshop bearbeitet.

Als mein Profilbild, das mit Gizelle und mir, neben Conners erschien, leuchteten wir zu dritt auf dem Bildschirm auf. Wir sahen süß aus zusammen. Wenige Sekunden später schrieb er mir.

»Netter Hund. Wie heißt er?«

»Gizelle.«

»Super Name.«

Schwupps, hatte ich mein erstes Tinder-Match.

Wir tauschten Telefonnummern aus und begannen uns zu schreiben. Ich schickte ihm das Foto von Gizelle auf unserem Dach am Times Square und er mir eines von einem Pittbull-Mischling namens Wolverine, den er während seiner College-zeit besessen hatte. Wolverine trug ein Michigan-Sweatshirt. Es folgte ein Foto von den Hunden seiner Eltern, drei flau-schigen, schwarz-weißen Papillons mit Unterbiss, ebenfalls in Michigan-Shirts. Das lief ja super! Aber dann bekam ich noch ein Foto von irgendeiner edlen Flasche Wein in einer Erste-Klasse-Flughafen-Lounge, mit dem Kommentar, dort sei ihm George Clooney über den Weg gelaufen. Das fand ich ein biss-chen angeberisch, aber egal. Conner hatte auf dem College Football gespielt, ein Jahr in Sydney studiert, arbeitete bei einem aufstrebenden Technik-Start-up und machte nebenher aus Spaß eine Ausbildung zum Sommelier. Wir beschlossen, uns zu verabreden.

Es war Frühling im Bryant Park. Die Eisbahn vom Winter war geschmolzen und weggepackt, der weitläufige, grüne Rasen diente wieder als Mittagstisch für die naturberaubten Ge-schäftsleute und ihre Salate. Tauben nickten mit den Köpfen und badeten in Brunnen, pinke Tulpen sprossen aus großen Betonkästen, die Pferde auf dem Karussell drehten sich Runde um Runde im Kreis zu französischen Chansons.

Ich kam zwölf Minuten zu spät, und da saß er, mit über-einandergeschlagenen Beinen, hinter einer Gruppe Finanz-typen in schwarzen Anzügen, die sich um die Bar des Grillplat-zes drängten. Er saß unter einem großen, grünen Schirm, der von einem noch größeren, grünen Schirm aus Bäumen über-dacht wurde, Blackberry in der Hand, und wartete auf mich.

Ich fühlte mich, als wären die Tauben aus dem Park in meinen Magen umgezogen. Ich ging mit gesenktem Kopf auf ihn zu und hoffte inständig, er würde mich bemerken, damit ich nicht allein für die Begrüßung verantwortlich sein würde. Ich blickte auf mein Handy, um gefragt und beschäftigt zu wirken, obwohl ich in Wahrheit an einer Hand abzählen konnte, wer mich anrief oder mir Nachrichten schickte.

Ich spürte, dass Conner mich ansah, und meine Wangen brannten. Ich zwang mich, den Kopf zu heben. Unsere Blicke trafen sich. Er lächelte und stand auf. Nun gab es kein Zurück mehr. Ich ließ mein Handy in meine Jacke gleiten und winkte halbherzig, als er aufstand und wir langsam aufeinander zugingen. Er war größer, als ich erwartet hatte, und trug ein hellblaues Button-Down-Hemd, das seine breite Brust betonte. Ich überlegte kurz, ob ich meine Frisur noch einmal überprüft hatte, nachdem ich vor dem Aufbruch mit Gizelle geknuddelt hatte. Ich fuhr mir mit den Händen durch meine blonden Haare und schob den Pferdeschwanz auf eine Schulter, und ließ die andere – hoffentlich – verführerisch frei. *Denk dran, Lauren. Du bist cool. Sei einfach du selbst. Ach so, aber senk deine Stimme. Ja, stell dir Johansson-Sinnlichkeit vor. Du bist Scarlett.*

»Hi!«, krächzte ich zu einer lässigen halben Umarmung. *Shit. Zu hoch, Lauren, zu hoch. Tiefer, tiefer mit der Stimme.* »Freut mich, dich endlich kennenzulernen!«, platzte ich hervor. *Nein! Zu enthusiastisch. Scarlett hätte es nie so ausgedrückt.* Später sagte Conner, er sei überrascht gewesen, dass meine Stimme ist wie, na ja, wie sie eben ist. Obwohl, er hat, glaube ich, »erschrocken« gesagt.

Conner war süßer, als ich vermutet hätte. Er besaß die breiten Schultern eines Linebackers, dazu passende große Footballspieler-Hände, einen kurzen Chandler-Bing-Haarschnitt und trug eine gerade geschnittene Hose. (Ich war von Kopf bis

Fuß in Gap gekleidet und hoffte, es sähe ein bisschen nach rag
& bone aus.)

Wir organisierten uns einen Tisch und bestellten zwei Gin
Tonics. Conner lehnte sich auf seinem Stuhl zurück, und ich
schlug ein Bein übers andere, Knie über Knie, die Hände im
Schoß. »Schön, dass wir das heute machen. Bei der Arbeit war
die Hölle los«, sagte Conner, worauf ein kurzes Schweigen
folgte, in dem ich bloß lächelte und ermutigend nickte. Dann
stellte ich schnell klar, dass dies mein erstes Tinder-Treffen war
und dass ich so etwas normalerweise nicht tat, aber neu in der
Stadt war. Dabei war ich offensichtlich *doch* so jemand, denn
was tat ich denn gerade? Aus irgendeinem Grund kam mir auf
einmal das Bild in den Kopf, wie Gizelle bei ihrem Spaziergang
mit Kimmy endlich aufgab. Sie hatte sich immer als eine Hündin betrachtet, die ihre Haufen ins Gras machte, aber dann war
sie verzweifelt genug, sich in einen Hund zu verwandeln, der
es auch auf dem Gehweg tat.

Die Drinks glitzerten in der Sonne. Conner hörte mir zu,
wie ich über die zwei Gs in meinem Leben plapperte – Gizelle
und Gap –, und nickte. Mir fiel auf, dass er sehr oft Ja sagte,
ganz schnell, noch bevor meine Sätze zu Ende waren. Wusste
er vielleicht, was ich als Nächstes sagen würde, und stimmte mir schon vorab zu? Vielleicht war er nervös bei diesem
ersten Date und wusste nicht, was er anderes sagen sollte?
Dann übernahm er und redete über den Önologiekurs, den
er machte, und dass er die Wochenenden damit verbrachte,
auf den Chelsea Market zu gehen und Gewürze zu sammeln,
die er auf verschiedene Gläser verteilte. An denen schnupperte
er dann, um seine Fähigkeiten zu verbessern, blind Gerüche
zu erkennen. Er schrieb sogar Karteikarten, mit denen er sich
selbst abfragte. »Es macht Spaß«, behauptete er. Ich sah ihn
an und nickte auf *O ja, erzähl-mir-mehr*-Weise mit dem Kopf,

fragte mich aber, ob »Spaß« das richtige Wort war, um zu beschreiben, wie er die Nase in ein Glas steckte, um Oregano zu erriechen.

Wir schlürften das Prickeln aus unseren Gläsern, und gerade als ich merkte, dass ich wegdriftete, während ich die Tulpen im Park anstarrte, die wie Stielgläser aussahen, erwähnte Conner, er vermisse Camping und Wandern und werde nach Indien fliegen zur Hochzeit eines Freundes. Ich war einmal in Indien gewesen und fand es so toll, und ich vermisste Camping und Wandern genauso! Ich war mir immer noch nicht sicher, was ich von ihm hielt, aber ich war bereit, mehr zu erfahren. Als ich mich zu fragen traute *Noch eine Runde?*, blickte Conner auf die Uhr und sagte: »Ich muss leider los. Ein Geschäftsessen.«

Auch wenn ich selbst keine Uhr trug, wusste ich, dass unser Date nicht länger als vierzig Minuten gedauert hatte. *Lag es an mir?*, fragte ich mich, peinlich berührt, dass das überhaupt eine Rolle für mich spielte.

»Ach, schon in Ordnung«, sagte ich in dem Versuch, es leicht zu nehmen. »Ich muss sowieso mit Gizelle gehen.«

Und dann brach er auf, eine weitere halbe Umarmung, und ich blieb verwirrt an der Ecke 43rd Street / Fifth Avenue zurück.

Später rief ich Kimmy an, um ihr mitzuteilen, dass ich noch lebte, und sie schlug einen Shake-Shack-Mädchenabend in unserem Hinterhof vor. Gizelle und ich kletterten aufs Sumpfsofa. Kimmy ließ sich auf einem Stuhl uns gegenüber nieder. »Klingt, als wäre der Typ ein Idiot«, versicherte sie mir mit vollem Mund, während sie eine wellig geschnittene Pommes in einen der Dutzend Ketchupbehälter tauchte. Klar, Conner war früh wieder gegangen, schien sich selbst ziemlich wichtig zu nehmen (dem an den Kopf gegelten Haaren und den ganzen Karteikarten nach zu urteilen), und ich war mir nicht sicher, ob er einmal in den vierzig Minuten unserer Unterhaltung gelächelt oder gelacht hatte, aber war »Idiot« nicht ziemlich hart? War das nicht die klassische Beste-Freundinnen-Reaktion? Wenn ein Typ deine Freundin nicht mag, ist er ein Idiot. Er *muss* ein Idiot sein … Aber was, wenn nicht? Ich gab Gizelle eine Pommes und legte den Kopf an ihre Schulter. Wie wir da im Hinterhof von Rio saßen, dessen Rückseite an eine mit Neonröhren beleuchtete Tiefgarage grenzte, blickte ich hinunter auf unsere Couch, unser Sumpfsofa, das den ganzen Winter über eingeschneit gewesen war und nun unter meinem Hintern knarzte, und auf die eine Woche alte Flasche Wein, aus der ich trank. Ich war mir nicht sicher, ob ich am Ende etwas mit Conner anfangen würde, dem sportbegeisterten Weinkenner, aber ich wollte wirklich Leute kennenlernen. Ich wollte Dinge ausprobieren. Ich war neugierig. Ich fand ihn attraktiv. Ich wollte ihn wiedersehen.

Ein paar Tage später fragte Conner, ob ich Lust hätte, nach der Arbeit einen Spaziergang mit Gizelle zu machen und einen Happen zu essen. Für etwas, das mit Essen und Gizelle zu tun hatte, war ich immer zu haben – und Gizelle ebenso. Als er uns in Rio abholte, sah er in seiner Stoffhose und Sakko sehr stylish aus, aber auch ein wenig fehl am Platz in der Küche und dem Wohnzimmer unseres Apartments mit der bunten Mischung aus reduzierten Ikea-Möbeln, vom Gehweg geretteten Sperrmüllsachen und Gizelles Spielzeugen, die herumlagen wie im Kindergarten (Spielzeug, mit dem sie im Übrigen nie viel spielte). Gizelle stellte sich wie fast immer bei Männern zunächst mit einem kurzen, leisen Wuff vor, und nachdem ich ihr gesagt hatte, dass alles in Ordnung sei, näherte sie sich langsam mit gestrecktem Hals und holte nach und nach die Rute zwischen den Beinen hervor. Conner sagte die üblichen »Das ist aber ein großer Hund«-Sachen, gefolgt von einem förmlichen: »Freut mich, dich kennenzulernen, Gizelle.« Dann lief ich hin und her, Gizelle im Schlepptau, und suchte Schlüssel-Portemonnaie-Telefon zusammen, während Conner auf seinem Blackberry herumtippte und sein iPhone in der Hosentasche *Ping!* machte. Irgendwann waren wir dann bei der Tür angelangt. »Fertig?«, fragte ich lächelnd, wickelte mir Gizelles Leine um die Finger und schob die Tür mit der Hüfte auf, während Gizelle uns voran auf die Straße trat.

Gizelle ging entspannt, wiegte lässig ihre Hüften von einer Seite zur anderen, hielt die Rute locker, und ich war heilfroh, dass keine lauten Busse oder sich unberechenbar bewegende Hotdog-Wagen in der Nähe waren, sie sich also nicht ducken und ausgerechnet bei unserem ersten Date flüchten musste.

Als wir die Ninth Avenue entlangschlenderten, schlug Conner vor, ich solle ein Lokal aussuchen, schließlich sei das mein Viertel. Kimmy und ich aßen nur 99-Cent-Pizza oder etwas von Trader Joe's und manchmal, wenn wir mal richtig auf den Putz hauten, bei Maoz, einer Falafel-Kette, die Kimmy und ich liebten, weil man sich unbegrenzt Garnierung und Gewürze nehmen konnte. Pinkberry mochten wir auch – nicht, um irgendetwas zu kaufen, natürlich: Dort ließen wir uns nur Probierportionen geben und gingen dann schnell wieder, als wäre uns etwas Wichtiges dazwischengekommen. Ich hatte nicht vor, irgendetwas davon mit Conner zu machen. Also gingen wir weiter mit Gizelle die Ninth entlang, und ich wartete auf die erste ganz okay aussehende Terrasse. »Hier«, sagte ich selbstbewusst, ohne zu wissen, was *hier* war.

Während Conner und ich an unseren extra-sauren Margaritas nippten, schlabberte Gizelle Wasser aus einem Alu-Napf für unterwegs. Sie war eine tolle Begleiterin fürs erste Date, da jedes peinliche Schweigen überspielt werden konnte, indem man sie ins Gespräch einbezog: »Na, Gizelle, alles gut? Wie ist dein Drink? Noch ein paar Pommes?« Und dann bewunderten wir versonnen die Streifen in ihrem Fell, die im letzten Tageslicht schimmerten, oder redeten über die interessanten Kommentare, die Passanten über sie machten, und das half alles sehr, um die Spannungen eines ersten Dates zu verringern. An diesem Frühabend schien Gizelle noch hingebungsvoller zu trinken als ohnehin schon, sie schlürfte besonders laut und verteilte Wasser überall vor Conner. (*Versuchte* sie überhaupt, wirklich Wasser in ihr Maul zu bekommen?) Ich wusste natürlich, was sie da tat. Sie machte diese Sauerei nur, um zu schauen, was der neue Typ dazu sagen würde, ob er den Mastiff-Test bestand. »Sie haut echt rein, hm?«, bemerkte Conner, ein angedeutetes Lächeln auf den Lippen.

»Ja, sie hatte einen harten Tag auf der Arbeit«, witzelte ich etwas armselig.

Auf dem Heimweg griff Conner nach meiner Hand. Es war schön, Zeit mit ihm zu verbringen. Er wirkte selbstbewusst, intelligent und sah gut aus. Aber hatte ich bei diesem Date gelacht? Hatte ich Schmetterlinge im Bauch? Vielleicht nicht, aber Conner wirkte sehr ehrgeizig, er reiste gern, mochte Camping und Hunde, und das war es, was zählte, oder?

Alle paar Schritte drehte Gizelle sich nach mir um; vielleicht wollte sie sich überzeugen, dass es in Ordnung für mich war, wenn dieser erwachsene Mann meine Hand hielt. Ich beobachtete Gizelle auch, um sicherzugehen, dass sie im Fußgängerverkehr von Manhattan klarkam. Bei Gizelle und mir war nie ganz klar, wer auf wen achtete. Wir beobachteten uns gegenseitig und passten auf, dass es dem anderen gutging mit allem, was das Leben so für uns bereithielt. Und als wir die Ninth Avenue entlangspazierten, vorbei an griechischen und italienischen Restaurants, Irish Pubs und Sushi-Bars, nach einem Abendessen, das kein Plündern von Garnierungen und

Joghurteis-Probierportionen beinhaltete, hatte das Leben uns einen sehr erwachsen wirkenden jungen Mann geschickt, der schließlich mein fester Freund werden sollte.

Zuerst sitzt ihr einen halben Meter voneinander entfernt an einem Tisch im Bryant Park, und du versuchst, Interesse an Tanninen und Tempranillo zu zeigen. Als Nächstes bringst du das Hundezelt mit zu einer Hütte an einem See und versuchst zu vergessen, dass er gesagt hat, S'mores seien unpraktisch, und dass er die Augen verdreht hat, als du gefragt hast, ob ihr aufs Dach der Hütte klettern wollt, um Sterne zu gucken. Als ihr wieder in der Stadt seid, lädt er dich zum Abendessen in ein Restaurant ein, das so klein ist, dass es aussieht, als würden alle Gäste an einem Tisch sitzen. Du isst wunderbare Speisen und trinkst köstlichen Wein und magst zwar die Art nicht, mit der er Restaurants wie ein Kritiker bewertet, und dass er beim Bestellen des Weins zahllose Adjektive benutzt und dann den Sommelier immer wieder an den Tisch kommen lässt, um Fragen zu stellen, auf die er die Antwort anscheinend schon kennt, aber er lässt die Reste für den Hund einpacken. Und wenn du aufbrichst, ist es schön, mit jemandem gemeinsam nach Hause zu gehen. Es ist schön, jemanden zu haben, zu dem man ins Bett schlüpfen kann. Und es gefällt dir, dass er dich morgens fragt, ob du mit unter die Dusche kommst, und dann steht ihr da zusammen, reicht euch das Shampoo, während euch Seife die Nase runterläuft, und es fühlt sich heimelig und normal an, als würdet ihr schon seit einer Ewigkeit zusammen duschen. Tief in deinem Herzen weißt du, dass er ein guter Mensch ist, und du magst die Gesellschaft und Aufmerksamkeit, es gefällt dir, einen Kerl an deiner Seite zu haben, also triffst du dich weiter mit ihm.

Es dauerte nicht lange, und ich besuchte Conner regelmäßig in seinem Apartment im East Village. Ich war dankbar, dass Kimmy morgens mit unserem Baby rausging, und stellte fest, dass alleinstehende junge Frauen keine Hunde besitzen sollten, es sei denn, sie haben nette Mitbewohnerinnen, die Hunde genauso gerne haben wie man selbst. Kimmy und ich unternahmen allmählich weniger zusammen (kein Drama, klar: Kimmy war der unkomplizierteste Mensch der Welt). Aber ihre Wildheit passte nicht so recht zu Conners konservativerer Art. »Bist du sicher, dass du ihn magst, Fernie?«, fragte sie immer wieder. Und ich antwortete, ich wisse es nicht und dass das auch keine ernsthafte Beziehung sei. Ich hätte bloß meinen Spaß.

»Spaß? Mit ihm?«, fragte sie zweifelnd. Bald ging sie mit neuen Freunden aus, und ich fand es gut, dass ich bei meinem neuen, erwachsenen Lebensstil nicht auf Festivals mit elektronischer Musik Smirnoff aus Wasserflaschen trinken musste – nicht, dass ich vorher ein Problem damit gehabt hätte. Es war für mich eben ein Dauerthema, dass ich mich ständig produktiv und erwachsen fühlen wollte.

Conner war definitiv erwachsen. Er besaß eine Weinsammlung, die auf einem eigenen Regal nach Region, Sorte und Weingut sortiert war. Seine Weinwerkzeuge sahen aus wie chirurgische Instrumente. Er besaß ein Krawattenkarussell und zwei Wäschekörbe – einen für Helles, den anderen für Dunkles –, und in seinem Schrank hing die Kleidung auf Bügeln, so dass er tatsächlich fand, wonach er suchte. Alles an seiner Wand war professionell gerahmt: Sein College-Abschlusszeugnis in einer Ecke, ein Gemälde von Prag, die blaugelbe Flagge von Michigan über seiner Tür. (Kimmy und ich hatten einen Zac Efron aus Pappe im Fenster.)

Conner war ernst, pragmatisch und gut organisiert. Ich lebte mit meinem Mini-Cooper-großen Hund am Times Square. Vielleicht würde ein lebenspraktisch veranlagter Mann mir guttun? Außerdem liebte Conner meinen Mini Cooper von ganzem Herzen. Er redete mit ihr, sagte ihr, wie schön und bekloppt sie sei, und nannte uns »seine Ladys.« Er zahlte sogar für uns das Taxi! Was spielte es da noch für eine Rolle, ob wir denselben Sinn für Humor hatten und dass ich in seiner Gegenwart immer etwas stiller und zurückhaltender war als sonst?

Er brachte Gizelle die Reste aus Peter Lugers Steakhouse mit! Er brachte mir bei, Vier gewinnt *strategisch* zu gewinnen. Ich rief ihn an, wenn ich Rat brauchte, wie ich mit meinem Chef umgehen sollte, und er schickte mir unverzüglich eine Liste mit Vorschlägen. Er schien mit allem umgehen zu können, was für mich eine Erleichterung war, denn ich hatte immer das Gefühl, nur zu raten.

Vor Conner hatte ich mich nie im East Village aufgehalten, aber es gefiel mir. Es war ein richtiges Wohnviertel. Die Leute im East Village wirkten, als würden sie tatsächlich dort leben. Es gab keine Touristenhorden in gleichen T-Shirts, die einem Führer mit Fähnchen in der Hand folgten, so wie bei mir. Es standen nicht sechzehn Spidermans an jeder Ecke. Conner und ich begannen, mit dem Rad herumzufahren. Als er ein Wochenende außerhalb der Stadt arbeiten musste, schlug er mir vor, zur Avenue A / Ninth Street zu radeln, um mir den Tompkins-Square-Hundeauslauf für Gizelle anzuschauen. »Das würde ihr bestimmt gefallen«, meinte er. Ich radelte durch die Innenstadt bis zur Tenth Street zwischen den Avenues A und B, und als ich die Hunde über den Kies rennen und in einem knochenförmigen Wasserbecken unter hochaufragenden Ulmen plantschen sah, wusste ich, dass Conner recht hatte. Gizelle würde den Auslauf lieben!

Also ignorierte ich die leise Stimme in mir, die Angst vor Bindung hatte und mir einflüsterte, ich solle die Flucht ergreifen. Ich ignorierte die Stimme, die mir immer wieder sagte, ich solle gehen, weil ich mich nicht hundertprozentig wie ich selbst fühlte, wenn ich in Conners Nähe war. Ich dachte, wenn ich es nur lang genug probierte, *würde* ich mich irgendwann wie ich selbst fühlen. Und da klar war, dass er Gizelle liebte, beschloss ich zu glauben, dass er mich ebenfalls liebte, und ignorierte die Tatsache, dass er es mir nie sagte.

8
Der Hundeauslauf

Halloween-Parade im Tompkins-Square-Hundeauslauf

BALD BEGANN MEIN erster offizieller Sommer in New York. Im selben Maße, wie sich meine Beziehung mit Conner weiterentwickelte, merkte ich, dass ich aus dem Leben am Times Square herauswuchs. Die Hektik und das Chaos schienen zuzunehmen. Die Straßen füllten sich. Es wurde zu heiß für lange Spaziergänge mit Gizelle, also waren wir auf Midtown festgelegt. Manchmal fragte ich mich, ob die Taxis Verstärker auf ihre Hupen installierten oder ob die Lichter am Times Square mich wie eine Art heimtückische Sonnenbank grillten. Gizelle wurde von schattigen Restaurant-Terrassen vertrieben, aus der Kühlabteilung eines Duane-Reade-Drugstores geworfen, wo ich mich abkühlen wollte, und von Taxis abgewiesen. Meine Geschwister führten ein traumhaftes Leben in Kalifornien, schienen in allem, was mit Kunst zu tun hatte, zu brillieren und schickten ständig Fotos vom Strand. Ich arbeitete in meinem perspektivlosen Kleiderkammer-Job, lebte neben dem Times Scare, trank viel zu viel mit Kimmy beim Governer's Ball und wurde von einem Typen um ein Date gebeten, der als Krümelmonster verkleidet war, oder bekam Angebote, in einem der zwölf Striplokale zu arbeiten, die in unserem Viertel lagen.

Conner war häufig wegen der Arbeit unterwegs. Wir führten *definitiv* eine Beziehung, aber ich schien das vor mir selbst nicht so recht zugeben zu wollen. Einmal trennte ich mich sogar kurzzeitig von ihm, weil ich mich gefangen in etwas fühlte, das allmählich nach einer Verpflichtung aussah, aber dann nahm ich die Trennung zurück und entschuldigte mich.

Ich wusste nicht einmal mehr, warum ich ihn verlassen hatte. Ich war vierundzwanzig und stellte alles in Frage. *Warum bin ich nach New York gezogen? Ist Conner ein Grund zu bleiben? Werde ich jemals bei Gap befördert werden? Will ich überhaupt bei Gap aufsteigen? Was genau fange ich noch mal mit meinem Leben an?*

Eines Abends gegen neun rief ich meine Mutter an, in der Hoffnung, sie würde mich überzeugen, dass alles gut war und ich mein Leben gut meisterte, wie sie es normalerweise tat. Aber an dem Abend ging sie nicht ans Telefon, als ich anrief. Und sie rief auch nicht zurück.

Einige Tage später probierte ich es erneut. Es läutete und läutete, und als sie abhob, klang es, als hätte ich sie geweckt. Ich fragte, was sie tat. »Ich gehe gleich zu einem Elf-Uhr-Treffen«, sagte sie.

»Aber bei dir ist es acht Uhr«, stellte ich richtig. Für einen Augenblick herrschte Stille, dann lachte sie schallend.

»Es ist nicht acht Uhr!«

Ich schwieg kurz und blickte auf die Uhr an der Mikrowelle. Es war definitiv acht Uhr abends in Nashville. Sie erzählte dann von einem Treffen mit ihren Freunden Wendy und Craig, dass sie trocken sei und es ihr »besser denn je« ginge, aber ihre Worte waren kaum auseinanderzuhalten, und es wurde immer schwerer, ihren Sinn zu verstehen.

»Wenn du das sagst, Mom. Du klingst betrunken. Ich muss los, ich muss mit Gizelle raus.« Und während sie noch versuchte, mich zu überzeugen, dass sie nur so komisch redete, weil sie Zahnweiß-Streifen im Mund hatte, legte ich auf.

Als Nächstes bekam ich merkwürdige Nachrichten. »Guten Morgen!!! Heute backe ich! Treffen um drei Uhr ddd-dddjjkkkkkkk«, gefolgt von endlosen Paraden bunter (aber unerklärlicher) Emojis, die, das wusste ich, nicht das Ergebnis mangelnder iPhone-Fähigkeiten waren.

Mom hatte viele Höhen und Tiefen, es war unmöglich, das genau zu verfolgen. Manchmal rief ich an, und sie klang super. Sie war wach, fragte mich beiläufig über meinen Tag aus und wollte wissen, ob sie mir mit irgendetwas in New York behilflich sein konnte. Ich wusste nie, welche Version von ihr ich ans Telefon bekommen würde, und jede zerrte auf ihre Weise an meinen Nerven. Die nüchtern klingende Version gab mir Hoffnung, dass sie gesund werden würde, und die betrunkene machte diese Hoffnung zunichte. So ging es immer auf und ab. Ich wusste nicht, wie lange ich das noch aushalten würde. Sie weigerte sich weiterhin anzuerkennen, dass sie ein Problem hatte.

Manchmal rief ich meinen Vater an, weil ich mir Anteilnahme wegen Mom wünschte, aber er redete meistens nicht viel über sie. Oft sagte er so etwas wie: »Also, Fernie. Passt du gut auf dich auf da oben, Kumpel? Wie läuft's im Job?« Und das war's. Dann wurde ich wütend, weil er nicht das sagte, was *ich* hören wollte, nämlich: »*Es tut mir so leid. Es wird ihr bessergehen. Dir wird es bessergehen. Alles wird gut! Wir heilen sie! Ich heile sie!*«, so dass ich auch bei ihm den Hörer auflegte.

Aber selbst an den stickigsten Sommerabenden in Hell's Kitchen wehte auf Rios Dach nach Sonnenuntergang eine leichte Brise. Also kletterte ich mit Gizelle hinauf. Die Lichter des Times Square flackerten um uns herum. Gizelle saß mir zu Füßen, und ich setzte mich im Schneidersitz vor sie. Unsere Blicke begegneten sich. Wir starrten uns an. Ich war fasziniert von der Art, wie sie meinem Blick standhielt. Aus der tiefschwarzen Maske ihres Gesichts schauten tröstlich die neugierigen, besorgten, schrägen Augen. Ich dachte darüber nach, was in Gizelles Kopf vorging, und dass meine Schwester mal gesagt hatte, wahrscheinlich sei nichts darin außer ein weites, grünes Feld mit einer einzigen Tulpe in der Mitte. Dann dachte ich daran, was in meinem Gehirn vorging, das sich wie der Times Square anfühlte. Laut. Vollgestopft. Reizüberflutet.

Ich wollte nur im Hier und Jetzt leben, auf meinem Dach mit Gizelle. Aber ich konnte nicht aufhören zu grübeln. Ich machte mir Sorgen, ich könnte Mom verlieren, und fragte mich, wie man ihr helfen könnte. Ich machte mir Gedanken drüber, ob Conner der Richtige für mich war. Ich fragte mich, ob ich den falschen Job hatte, wie ich jemals einen passenden finden konnte, und quälte mich damit, dass ich in New York keine Freunde hatte. Kimmy und ich entfernten uns langsam voneinander, wurden in unterschiedliche Richtungen gezogen, und ich spürte es zwar, wusste aber nicht, was ich dagegen tun konnte. Als ich nach New York gezogen war, hatte ich mir versprochen, ein Abenteuer zu leben, aber jetzt hatte ich das Gefühl, in einer teuren Stadt festzustecken, mit einem Nine-to-Five-Job und so ziemlich ohne jegliches Abenteuer. Ich überlegte, ob ich wieder wegziehen sollte, und wenn ja, wohin. Ich konnte mit meiner treuen vierbeinigen Freundin erneut aufbrechen, meine Unsicherheiten einfach in eine Kiste stecken und monatelang nicht mehr hervorholen.

Ich schlang die Arme um Gizelle. Sie legte ihren großen Kopf an meine Schulter und ließ zu, dass ich mich mit meinem ganzen Gewicht an sie lehnte. Sie war immer für mich da, wenn das Erwachsenwerden zu verwirrend wurde.

Der Sommer nahm seinen Lauf, und ich träumte immer häufiger von unserem Fluchtplan. Und als ich gerade anfing, Listen mit unseren nächsten Stationen zu schreiben, bekam ich über Facebook eine Nachricht von einer alten Freundin.

»Wohnst du jetzt in der Stadt? Ich bin gerade hergezogen;

Ecke 46th/11th! Ich will Gizelle kennenlernen!«, schrieb Rebecca.

Ich kannte sie aus dem ersten Studienjahr auf dem College in Charleston. Rebecca war eine, mit der man nach Folly Beach fahren und ins Meer springen konnte, egal wie kalt das Wasser war. Sie kam aus Boston und benutzte ständig das Wort »wicked«. Sie liebte Lyrik, gesundes Bio-Essen und Nina Simone.

Außerdem schrieb sie Listen, genau wie ich. Eines der ersten Male, die wir uns unterhielten, war in ihrem Schlafsaal im vierten Stock des McConnell-Studentenwohnheims. Wir sprachen darüber, wie wir in den Pflichtkursen, die uns kein bisschen interessierten, bei der Sache bleiben konnten. Sie lachte.

»Willst du hören, was ich heute im Statistikkurs geschrieben habe?«, fragte sie fast schüchtern.

Ich nickte. »Klar.« Sie nahm einen zerfledderten grünen Spiralblock von ihrem Schreibtisch und blätterte ein paar Seiten nach vorn. Dann räusperte sie sich scherzhaft. Sie las mir eine verrückte, wunderbare Liste von Dingen vor, die sie liebte: denselben Planeten zu bewohnen wie Tintenfische, wie Rosen nach dem Regen aussahen, schwarze Löcher. Rebecca führte genau wie ich alberne Tagebücher, schrieb alles auf, damit das Leben nicht einfach so vorüberging, ohne von ihr dokumentiert worden zu sein. Als ich Charleston verließ, versprachen wir uns, in Kontakt zu bleiben, taten es aber nicht. Bis sie mir eines Abends im Juli aus dem Blauen heraus schrieb, dass sie nach Hell's Kitchen gezogen war, zufälligerweise nur ein paar Blöcke von meiner Wohnung entfernt.

Gizelle und ich trafen Rebecca an der Ecke 43rd und Eighth. Rebecca trug alte, ausgelatschte braune Stiefel und ein weißes Flatterkleid. »O Gott«, lachte sie. »*Gizelle*! Du bist aber ein schönes Mädchen!« Sie klatschte in die Hände und bückte sich, und Gizelle lief ihr geradewegs in die Arme, um von ihr gedrückt zu werden (wobei Rebecca den Sabber auf ihrem Kleid völlig ignorierte). Wir hüpften auf und ab und umarmten uns. »Unfassbar, dass du hier wohnst!«, jubelte Rebecca. »Unfassbar, dass *du* hier wohnst!«, jubelte ich meinerseits, und wir umarmten uns noch einmal. Dann nahm Rebecca Gizelles Leine, als wären die beiden alte Freunde. Als wir zu Rebeccas Apartment gingen, kamen die üblichen unhöflichen Kommentare der Passanten über den Mastiff, aber wir schenkten ihnen nicht viel Beachtung. »Hör nicht auf sie, Gizelle!«, sagte Rebecca. »Du bist kein verdammt riesiger Hund. Du bist eine kurvige, üppige, schöne Königin!«

Rebecca lebte zur Untermiete in einer staubigen, alten, möblierten Wohnung über einer Taxi-Werkstatt und einem Haustier-Spa. Die Wände waren aus Pappe, und in der Wohnung hatte sie Stapel über Stapel alter Bücher, Instrumente, einen antiken Zahnarztstuhl im Wohnzimmer, Pflanzen, die von der Decke herabhingen, und mittendrin einen ramponierten Steinway. Außerdem ein paar Kakerlaken. »Im Wohnzimmer mache ich Ballett!« Sie strahlte, als sie auf dem Weg in die Küche, um Gizelle etwas Wasser zu holen, eine kleine Pirouette vollführte.

Und da wusste ich, dass wir nun noch eine Freundin in der Stadt hatten.

Rebecca und ich unternahmen alles zusammen. Wir gingen mit Gizelle in Secondhandläden und kauften uns die gleichen Schlapphüte. (Ja, wir haben Gizelle auch einen gekauft. So rechtfertigten wir den Kauf des dritten Hutes in Blau.) Wir malten uns die Lippen dunkelrot an und gingen damit ins Boom Boom Room, eine glamouröse goldene Lounge mit einem Rundumblick über Manhattan. Völlig unbeeindruckt von der Warteschlange erklärte Rebecca: »Ich regle das«, stolzierte nach vorn und sprach mit dem Türsteher, fragte ihn aus über seinen Tag, bis wir durch die Tür waren. Habe ich erwähnt, dass sie umwerfend aussieht? Sehr weiblich, mit goldbraunen Augen, perfekter Haut und tollen Brüsten. Sie war immer von einer Traube Männer umschwärmt.

Je mehr Zeit wir zusammen verbrachten, desto stärker nahm ich etwas an Rebecca wahr, das mich an meine Mom erinnerte, wie sie früher war: Wenn ich unsicher war, baute sie mich auf. Wenn ich mir Sorgen machte, beruhigte sie mich und brachte mich wieder auf die Spur. Bald fiel mir auf, dass ich Rebecca wegen vieler Sorgen anrief, wegen denen ich sonst Mom angerufen hatte, und ich versuchte, nicht darüber nachzudenken, dass meine echte Mom sich seit einigen Wochen nicht mehr bei mir gemeldet hatte. Rebecca hörte mir zu, wenn ich mich über meine Probleme ausließ, notfalls ewig. Sie gab mir immer das Gefühl, dass alles gut werden würde, denn irgendwie hatte sie die Gabe, dafür zu sorgen, dass es tatsächlich so war.

Rebecca arbeitete bei einer weltbekannten Werbeagentur als Kundenbetreuerin. »Ich habe keine Ahnung, wie ich an diese Stelle gekommen bin. Ich muss irgendwen ausgetrickst haben«, grinste sie. Daneben verfolgte sie weitere Projekte, zum Beispiel schrieb sie ein Theaterstück oder einen Pilotfilm fürs Fernsehen. Später gründete sie ein Unternehmen, das scharfe Saucen vertrieb, und nannte es Itso Hot Sauce. Gemeinsam beschlossen wir, Gizelle müsse langsam auch ihren Beitrag zu den hohen Kosten leisten, also taten wir dasselbe wie alle Haustierbesitzer neuerdings: Wir erstellten einen Instagram-Account für Gizelle. *Sie wird berühmt!*, hofften wir, als wir den Username @GizelleNYC und den Hashtag #BigDogBigCity übernahmen. Wir organisierten sogar ein Fotoshooting mit Luftballons im Park. Wir notierten Bildideen. Wir planten, Gizelle in jeden Stadtteil von ganz New York zu bringen und Fotos von ihr zu machen, die unsere neue Karriere in Gang bringen würden. Letztlich posteten wir nur viermal.

Durch Rebecca bekam ich einen anderen Blick auf New York. Auf mich allein gestellt, fühlte ich mich, als würde ich New York vom Dach von Rio aus an mir vorbeiziehen sehen, aber nun empfand ich mich langsam als Teil der Stadt. Ich versteckte mich nicht mehr vor ihr.

Das unvermeidliche Wir-sollten-mehr-daraus-machen-Gespräch fand eines Abends gegen Ende August statt, an einem Tisch draußen vor einem winzigen französischen Bistro namens Tartine im West Village. Das Restaurant lag zwischen eleganten Stadthäusern und schmalen Straßen mit hübschen Namen wie Waverly, Charles und Perry. Straßenlaternen erleuchteten unseren Tisch. Wir teilten uns Miesmuscheln, Pommes und eine mitgebrachte Flasche Wein. Das Gespräch kam darauf, weil unserer beider Mietverträge bald ausliefen. Ich erzählte Rebecca, ich wäre nicht sicher, ob ich in New York bleiben sollte, es sei so teuer und ich vermisste meine Geschwister. Ich gestand, dass ich nicht wusste, wohin ich gehörte und was ich tun sollte, dass ich aber kein weiteres Jahr neben dem Times Scare feststecken wollte.

»Hm. Wir könnten uns zusammen was suchen …«, sagte Rebecca langsam, während sie eine Muschel öffnete. Das Zögern am Ende des Satzes sagte mir, sie wusste, dass ich mir darüber auch unsicher war.

»*Willst* du das denn?«, fragte ich.

Rebecca sah mich fragend an.

»Na ja, das heißt ja, dass du auch mit Gizelle zusammenwohnen würdest … Die eine super Mitbewohnerin ist. Ab und zu müffelt sie etwas. Und sie sabbert, aber das kann ich wegwischen. Und sie verliert viele Haare. Manchmal wundere ich mich, dass sie überhaupt noch Fell *hat.* Aber das ist kein Problem, ich habe eine große Fusselrolle.«

Rebecca lächelte und nickte, während ich plapperte.

»Und du kennst ja ihre Haufen. Sie sind … na ja, du hast sie gesehen! Aber man gewöhnt sich schnell daran, man braucht nur Einmalhandschuhe und Tüten und muss immer alles parat haben. Manche Kerle haben Angst vor ihr; sie bellt sie an, wenn sie sie nicht mag, aber das ist eine super Methode, um die auszusortieren, die man im Endeffekt wahrscheinlich sowieso nicht haben will. Ach so, und ich bräuchte auf jeden Fall Unterstützung, was die Spaziergänge mit ihr angeht, das hätte ich im letzten Jahr ohne Kimmy nicht geschafft …« Ich verstummte und griff nach einer Muschel. Ich mochte Kimmy sehr, und sie hatte so viel für Gizelle und mich getan, aber es fühlte sich irgendwie richtig an, mit jemand anderem zusammenzuziehen, einen Neuanfang zu machen. Kimmy hatte sogar auch schon darüber gesprochen, mit neuen Freunden in Brooklyn zusammenzuziehen.

»Süße. Ich liebe Gizelle.« Rebecca lächelte. »Natürlich helfe ich dir.«

Dann hob sie ihr Glas Cabernet (der Conner zufolge nicht gut zu Muscheln passte, aber was soll's?).

»WG?«

»WG!«

Einen Monat später, es ging auf Ende September zu, packte ich meine Sachen. Gizelle beobachtete mich mit einem sehr besorgten *Wohin gehst du?*-Gesichtsausdruck. Ich glaube, sie blinzelte den ganzen Tag nicht ein einziges Mal und sie folgte mir eifrig vom Wohnzimmer in mein Zimmer, während ich unser Leben in Midtown zusammenpackte. »Du kommst auch mit«, beruhigte ich sie wieder und wieder, wenn ich ihre Krallen hinter mir klackern hörte. Ich stopfte Gap-Kleidung in Müllsäcke und Wäschekörbe, rollte meine große Weltkarte zusammen, schleppte das Sumpfsofa auf den Gehweg und schrieb einen Zettel: LIEBEVOLLES ZUHAUSE GESUCHT.

Rebecca und ich mieteten einen Pick-up. Ich warf einen letzten Müllsack auf die Ladefläche und quetschte Gizelles Hundebett in eine freie Ecke. Ich drehte mich um und warf einen Abschiedsblick auf Rio. *Auf Wiedersehen, Rio*, dachte ich, ließ die Schultern hängen und seufzte. Ich schloss die Klappe des Pick-ups und kletterte über Gizelle (die den Beifahrersitz für sich beanspruchte), um mich in die Mitte zu setzen. Rebecca legte eine Hand aufs Lenkrad und gab Gas, während ich mein altes Viertel betrachtete, das langsam vor meinen Augen verschwand. »Tschüs, Times Square!«, rief Rebecca und drehte Whitney Houston im Radio auf.

Gizelle streckte ihren riesigen Kopf aus dem Fenster und sog den Anblick auf, der sich ihr aus dem nur sporadisch vorankommenden Pick-up bot. Jedes Mal, wenn dröhnend ein Bus vorbeifuhr, zog sie den Kopf zurück. Mit Rebecca links von mir und Gizelle rechts ließ ich die Lichter von Midtown hinter mir, Rio, das Times Scare und mein erstes Jahr in New York, bereit, ein neues Kapitel in dieser echt großen Stadt mit meinem echt großen Hund aufzuschlagen.

Unser neues Zuhause befand sich auf der Seventh Street zwischen den Avenues A und B, und ich konnte den Tompkins-Square-Hundeauslauf von meinem Fenster aus *sehen*. Ich konnte es kaum erwarten, Gizelle unser neues Viertel zu zeigen. Wir rannten die Treppen hinunter auf die Straße. Die Luft im East Village fühlte sich kühl und neu an, und die Gehwege waren nicht so überlaufen. In dem Park an der Ninth Street lachten Kinder, und Vögel zwitscherten in den Ulmen über dem Auslauf. In der Ferne läuteten Kirchenglocken.

Als wir die Avenue A entlangschlenderten, kam uns eine Frau in einer schwarzen Lederjacke entgegen. Als sie näher kam, öffnete sie den Mund, ohne etwas zu sagen. Für eine Sekunde dachte ich: *Jetzt geht das wieder los*, und erwartete, dass das Fingerzeigen, Fluchen und Fotografieren weiterging. Aber die Frau kniff die Augen zusammen, zeigte auf Gizelle und fragte:

»Biscuit?«

Das war neu.

»*Biscuit?*«, wiederholte ich.

»Ja, Biscuit. Ist sie das nicht?«, fragte sie und beugte sich zu Gizelle hinunter. »Oh, Moment!« Sie schlug sich mit der flachen Hand gegen den Kopf, bevor ich antworten konnte. »Das ist gar nicht Biscuit! Tut mir leid … Ihr Hund sieht nur *genauso* aus wie sie.« Sie lachte, sagte Gizelle, wie schön sie sei, und ging weiter.

Ein paar Minuten später kam ein Typ in einem Jets-T-Shirt auf uns zu und betrachtete Gizelle. Ich wappnete mich und wartete auf das, was kommen musste. Ich hatte meine Antwort parat (Nein, man kann sie nicht satteln!). Aber er hielt inne, sah Gizelle an und sagte:

»Summer?«

Diese Szene mit Summer und Biscuit wiederholte sich. Dann erzählten mir die Leute von jemandem namens Louie, den ich unbedingt treffen müsse. »Du erkennst ihn, wenn du ihm begegnest«, versprachen sie. »Er hat Hunde, die genauso sind wie Gizelle.«

»Er hat ungefähr sieben davon!«, sagte eine Frau strahlend.

Hunde wie *Gizelle*? In *New York*? War das nicht bloß ein Gerücht?

Eines Tages bog ich mit Gizelle um die Ecke zum Hunde-auslauf, als uns niemand Geringeres als Louie entgegenkam, mit seinen beiden kolossalen, faltigen, löwenköpfigen Mastiffs. Einer war beige, der andere gestromt, und die drei bewegten sich gemeinsam wie in Zeitlupe, als wären sie ein einziges Wesen. Louie hatte langes, lockiges Zottelhaar, einen Weihnachts-mann-Bauch und er trug ein T-Shirt, auf dem stand: »Drool is Cool«. Ich hatte den Impuls, mich vor seiner Hoheit zu verbeugen.

»Das muss Gizelle sein«, lachte er, als die drei Mastiffs sich mitten im Park trafen.

»Ja, das ist sie!«, antwortete ich lächelnd. Ich fühlte mich geschmeichelt, dass er ihren Namen kannte. Ich sah hinunter zu Gizelle. Sie und das andere gestromte Mädchen, Biscuit, beschnupperten sich und wedelten dabei mit ihren dicken Schwänzen.

»Das sind die besten Hunde, die es gibt, stimmt's? Wie Menschen.« Louie strahlte und tätschelte Summers Kopf. Sie schloss zufrieden die Augen, genau wie Gizelle es immer tat. Louie sagte, er habe *fünf* Mastiffs in seiner Wohnung auf der Ninth gehabt. Ich hatte nicht die Absicht, ihn zu fragen, wie fünf Old English Mastiffs in seine Wohnung gepasst haben, aber ich stimmte ihm in einer Sache zu: Gizelle war wie ein Mensch.

Wie sehr, wurde klar, als wir zum ersten Mal das Gehege betraten. Es war Samstag, und wie überall in Manhattan am Wochenende war der Ort überlaufen. Hier schien jede erdenkliche Hunderasse vertreten zu sein: Pitbulls und Vizslas, Zwergpudel und Corgis, Promenadenmischungen, Labradore, Dalmatiner, Möpse, Dänische Doggen, Welpen und nun auch wunderbare, gestromte Mastiffs. »Bereit, Mädchen?«, fragte ich, schob das schwarze Gatter auf und ließ sie von der Leine.

Eine Clique von drei Labradoren sprang auf uns zu, um mein Mädchen kennenzulernen. Sie wuselten im Kreis um sie herum, bellten und schnupperten abwechselnd an Gizelles Hintern, während sie versuchte, ihn vor ihnen zu verbergen, die Ohren angelegt und den Schwanz eingeklemmt hatte, fast, als fühlte sie sich belästigt. Sie wich zurück zu mir und versuchte, ihren Körper zwischen meine Beine zu schieben, aber sobald die Hunde das Interesse an ihr verloren und den nächsten Neuankömmling begrüßten, folgte sie ihnen neugierig, als wollte sie sich mit ihnen anfreunden, wisse aber nicht genau, wie.

Sie kam wieder zurück zu mir. »Ich weiß, Mädchen. Hier sind viele Hunde; es ist okay, wenn du nervös bist«, versicherte ich ihr. Ich ging zu einer Bank, um mich in ein Fleckchen Sonne zu setzen, und Gizelle folgte mir, um zu meinen Füßen – genauer, *auf* ihnen – Platz zu nehmen. Und das wurde ihre Hundeauslauf-Routine: Ich saß auf der Bank in der Sonne und sah den Hunden zu, während Gizelle treu bei mir saß und ebenfalls den Hunden zusah.

Da war auch wirklich eine Menge los. Ein Jack Russell Terrier grub wie besessen im Kies, als wüsste er ganz sicher, dass er seinen Schatz an Knabberknochen irgendwo dort vergraben hätte – bloß wo genau? Rabbit, ein vorwitziger Beagle-Mischling, klaute gerne Klamotten – die Pullover von anderen Hunden, Schals von Menschen – und war glücklich, wenn der Besitzer das Spiel mitspielte und ihn durch den Auslauf jagte. Ein Labrador bettelte seinen Dad an, einen Tennisball zu werfen, und weigerte sich dann hartnäckig, ihn zurückzugeben. Es gab einen Boston-Terrier-Mischling, der seine eigenen Haufen fraß (und die anderer Hunde). Fast jeder Hundebesitzer rannte einmal zu ihm, um ihn davon abzuhalten, aber der Terrier war jedes Mal schneller.

Gizelle machte diese typischen Hundesachen nie. Sie bellte nie grundlos, heulte weder nachts noch kaute sie auf der Fernbedienung herum. Sie vögelte weder ihr Eichhörnchen-Stofftier noch irgendjemandes Bein (Gott sei Dank). Ich habe sie nicht einmal beim Wasser-aus-der-Toilette-Trinken erwischt. (Wobei ich den Sabber auf dem Sitz vielleicht das ein oder andere Mal ignoriert habe.) Sie saß gerne wie ein Mensch in der warmen Badewanne. Sie gähnte wie ein Mensch und machte dabei ein langes, zufriedenes Chewbacca-Geräusch. Und abgesehen von einem Vorfall mit einem müffelnden Stück Blauschimmelkäse, das Rebecca und ich einmal auf dem niedrigen Couchtisch liegen ließen, fraß Gizelle nichts, was nicht für sie bestimmt war. Ich war so daran gewöhnt, einen hundeuntypischen Hund zu haben, dass ich einmal meinen Kaffee und meinen Bacon-Ei-und-Käse-Bagel an einem Samstagmorgen mit *in* den vollen Hundeauslauf nahm, in der Annahme, ich könnte gemütlich mit einem Buch auf der Bank sitzen und mein Frühstück genießen. Das war einer meiner nicht ganz hellen Momente.

Der Tompkins-Square-Hundeauslauf war ein Ort für jede erdenkliche Hunderasse, und anscheinend auch für jeden Typ Mensch. Eine ältere Frau mit einem aufgestickten Dinosaurier auf ihrem Hemd war die Besitzerin eines braunen, struppigen Mischlings namens Cookie. Die Frau lebte seit fünfundvierzig Jahren in der Gegend, vergaß jedes Mal, wenn sie mich sah, dass sie mich schon kannte, und erzählte gerne immer wieder dieselben Geschichten über den rauen Charme des East Village vor dreißig Jahren, bevor die Yuppies dorthin gezogen waren. Sie sagte, sie hasste diese jungen Leute, die ins East Village zogen und so taten, als wäre Manhattan ihre Heimat, obwohl sie erst seit einem Jahr dort lebten. Ich pflichtete ihr bei, dass das die Schlimmsten waren. Ein Mann zog seinen süßen Pitbull mit verkrüppelten Hinterläufen in einem roten Wagen zum Park, damit der Hund trotz allem die frische Luft genießen und ein bisschen Spaß haben konnte. Und schließlich gab es da die Dänische Dogge mit einem Halsband von John Deere, die noch größer war als Gizelle. Der Besitzer trug einen Cowboyhut.

Aber der beste Tag im Hundeauslauf war zweifellos Ende Oktober. Ich wachte noch vor dem Weckerklingeln auf und schüttelte Gizelle, die bei mir im Bett lag. Sie öffnete ein Auge, das andere hatte sie noch ins Kopfkissen gedrückt. Ich sprang aus dem Bett, was oft die einzige Möglichkeit war, Gizelle ebenfalls hinauszubekommen. Sie stieg von der Matratze, indem sie erst die Vorderbeine über den Rand schob und mit dem Hinterteil noch sitzenblieb, kurz pausierte, mich kläglich ansah und herauszufinden versuchte, warum genau sie überhaupt aufstehen musste. Dann trottete sie mir hinterher.

Rebecca war im Wohnzimmer am Plattenspieler und legte eine der wenigen Schallplatten auf, die wir besaßen: Stevie Wonders »For Once in My Life«, das wir zu Gizelles Lieblingslied erklärt hatten. Ich riss die Fenster auf und ließ den Herbstwind herein, während wir auf die Feuertreppe kletterten, um unseren Morgenkaffee zu trinken. An dem Tag fand die 23. Halloween-Hundeparade im Tompkins Square Park statt, die größte Hundekostümparade der Welt. Und die Teilnehmer trudelten bereits ein. Wir standen auf der Feuertreppe, von der aus man über die Parkbäume sah, und zeigten uns gegenseitig unsere Favoriten. Gizelle legte den Kopf aufs Fenstersims.

»Da kommt die *Star-Wars*-Besetzung«, verkündete Rebecca. »Leia, ein Chewy-Yorkie, Luke, ein Stormtrooper-Mischling und, ah, ein Yoda-Mops. Das sieht nach harter Konkurrenz aus, G.«

Ich atmete tief durch. »Oh, ich sehe einen – Moment mal – ist das ein Zwergspitz? Mit einem Kürbis auf dem Kopf, der aus einem Starbucks-Becher kommt? Ist das ein Pumpkin-Spice-Spitz? Mist. Wir haben keine Chance.«

»O Mann, das ist nicht wahr. Da ist Sharknado«, lachte Rebecca. »Nein, sorry, Sharkna*dog*.« Ein lockiger schwarzweißer Hund hatte einen schwarzen Tornado aus Fell mit Spielzeughaien aus Plastik darin umgebunden. Ich entdeckte zwei Pudel, die als Jack und Rose verkleidet waren, und dachte, Gizelle hätte eine super *Titanic* abgegeben.

Rebecca mixte Bloody Marys in der Küche. »Kochen mit Lauren und Rebecca«, witzelten wir, rührten frischen Tomatensaft mit langen Selleriestangen um und gaben Oliven und Itso Hot Sauce dazu. Dann zerriss ich ein großes, weißes T-Shirt (natürlich von Gap) und schnitt Löcher hinein, so dass es aussah, als hätte Gizelle es selbst zerfetzt. Schließlich versuchte ich sie zu überreden, ein paar Baseballbälle zu zerkauen, aber sie hatte keine Lust. Sie sah sie an, legte den Kopf schief und überlegte, wozu die gut waren. Also richtete ich die Bälle mit Hilfe einer Schere und eines Messers so zu, als wären sie von einem sabbernden Ungeheuer zerkaut worden. *Perfekt.*

Wir gingen als die Figuren aus dem kultigen *Sandlot*-Film über ein Kinder-Baseball-Team aus den 1960ern, in dem ein Mastiff vorkommt, der das Biest genannt wird, und dem man nachsagt, er fresse Kinder, die sein Revier betreten. Rebecca und ich zogen Flanellhemden an und setzten Baseballkappen auf. Wir beschrifteten Namensschilder mit »Ham« und »Scotty Smalls« und machten uns auf den Weg in den Park.

Dort war der Teufel los. Gerade lief die gesamte *Cinderella*-Besetzung vorbei. Ein Cockerspaniel trug eine blonde Perücke und ein blaues Kleid. Er saß in einer Kürbiskutsche, die von einem als Pferd verkleideten Labrador mit Schärpen gezogen wurde. Die Besitzer gingen als Prinz und Prinzessin. Ich trat an Gizelles Seite, um ihren Blick auf das *Cinderella*-Team abzuschirmen – besser kein unnötiges Lampenfieber aufkommen lassen. Außerdem musste Gizelle nicht unbedingt daran erinnert werden, dass in ihrer Größe keine Prinzessinnenkutschen hergestellt wurden. »Du bist die Schönste hier«, versicherte ich ihr selbstbewusst und tätschelte ihr den Kopf. Es gab Ghostbusters, Dinosaurier, Beanie Babies und sogar einen Papst Franziskus. Gizelle blieb trotz des Wettbewerbs ganz ruhig – so ruhig, dass sie sich auf den Kiesweg legte. Louie, der Mastiff-König, spazierte mit Summer und Biscuit vorbei und warf einen schrägen Blick auf den Auslauf. Er stand ganz offensichtlich über dem Tier-Verkleidungs-Hype.

Ein grüner Kunstrasenpfad diente als Laufsteg in der Mitte des Auslaufs. An einem Tisch daneben saßen drei Preisrichter und musterten die Hunde. Einige der Besitzer sangen Lieder, während ihre Hunde vorbeitrotteten, andere führten Sketche auf.

Ich drückte Rebeccas Hand. Mist. Wir hatten nichts in der Art vorbereitet. Machte es überhaupt Sinn, da mitzulaufen? Wir blieben in der Schlange, warteten, bis wir an der Reihe waren. Ich wickelte mir Gizelles Leine ums Handgelenk. Wir stiegen auf die Bühne, einen kleinen Laufsteg aus Holz mitten im Auslauf. Gizelle saß mir zu Füßen. Da waren wir also.

»Und nun«, begann der Moderator seine Ankündigung.

Die Menge war still. (Na ja, mittelstill – so, wie man es von New Yorkern in Feierlaune und einer Meute Hunde erwarten konnte.)

»Der Moment, auf den diese English-Mastiff-Hündin ihr ganzes Leben lang gewartet hat …« Ich atmete tief durch.

»Die Bühne betritt … Gizelle als das Biest aus *Sandlot*!«

Ich sah zu Gizelle hinunter.

»Okay. Los.«

Ich ruckte einmal leicht an der Leine, und sie stolzierte mit ihrem muskulösen Körper über den Laufsteg, zeigte ihre Kurven, lächelte ein wenig in eine Richtung, wendete den Kopf. Sie atmete mit offenem Maul, um die Masse zu begeistern, sie ließ Sabber von ihren Lefzen tropfen und fühlte sich zusehends wohl in ihrer Rolle. *Taps, taps, taps, drehen, zeig das Biest in dir! Du bist böse. Wild! Rrrrrh!*

Als wir das Ende des Kunstrasens erreichten, brüllte das Publikum wegen Gizelle.

»Noch mal! Lasst sie noch mal laufen!«, riefen sie. Wir verließen die Bühne, und ich bückte mich zu meinem Mädchen hinunter, rieb ihm die Ohren und küsste es zwischen die Augen auf die Schnauze. »Du hast es geschafft, Süße! Du bist ein echtes Model! Das schönste Biest, das die Welt je gesehen hat!« Einen Augenblick dachte ich an Mom, die uns immer gesagt hatte, wir wären bei unseren Tanzdarbietungen herausragend gewesen, selbst wenn wir nur irgendwo in der letzten Reihe mittanzten.

Vielleicht war Gizelle an dem Tag in Wirklichkeit gar nicht *stolziert*; vielleicht setzte sie sich sogar eine Sekunde lang mitten auf den Laufsteg, so dass ich sie ein wenig ziehen musste. Aber für mich war sie die Siegerin. Sie wurde sogar als Nummer 67 der Buzzfeed-Liste mit den siebzig besten Kostümen bei New Yorks wichtigstem Kostümwettbewerb für Hunde gewählt. Das ist doch mal ein Erfolg! War dies derselbe Hund, der sich vor Luftballons unter einem Tisch versteckte? Der Hund, der vor in der Luft schwebenden Plastiktüten davongelaufen war? Mein Biest hatte eine enorme Entwicklung durchgemacht.

Später, nachdem ein paar zugegebenermaßen beeindruckende Chihuahua-Köche, die neben großen Hummertöpfen saßen, gewonnen hatten, sprach mich einer der Moderatoren an. »Ihr hättet gewinnen sollen. Gizelle weiß, wie man den

Laufsteg rockt.« Ich lächelte und sah mich dann im Park um. Die unterschiedlichen Menschen und Hunde im Tompkins Square an diesem schönen Herbsttag gaben mir ein warmes Gefühl. Es war so ähnlich wie das, als ich Gizelle bekam. Das Gefühl, dazuzugehören, zu Hause zu sein.

Zwei Monate später versprach Conner, Gizelle zu hüten, wenn ich über Weihnachten nach Hause nach Tennessee fahren würde. Mit Conner lief es gut. Gizelle und ich freuten uns, an vielen Herbstabenden über die First Avenue zu ihm zu spazieren, um die Nacht in seiner Wohnung zu verbringen, die viel schicker war als unsere. Dort gab es eine verlässliche Klimaanlage, Essen im Kühlschrank, Apple TV und einen Kerl zum Kuscheln. Er machte Gizelle immer ein Bett auf dem Boden und hatte meistens irgendwelche Reste, die ich essen konnte, nachdem ich vorsichtig, um nichts durcheinanderzubringen (was mir normalerweise nicht gelang), in seinem aufgeräumten Schrank gegraben hatte, bis ich mein Lieblings-T-Shirt von ihm gefunden hatte. Ich schlief in seinen Armen ein, und alles schien in Ordnung zu sein.

Aber manchmal wachte ich plötzlich auf und konnte nicht wieder einschlafen. Ich starrte an die Decke, sah hinüber zur schnarchenden Gizelle, dann zum schnarchenden Conner und lauschte auf die schwachen Geräusche, die von der First Avenue kamen. Ich schloss die Augen und hoffte, wieder einzuschlafen. Keine Chance. Nach vierzig Minuten oder so gab ich auf, schlüpfte aus dem Bett, zog die Schuhe an, nahm Gizelle an die Leine und ging um vier Uhr morgens zurück in meine Wohnung, immer noch dankbar, dass Cujo mich auf meinem frühen Heimweg über die Seventh Street beschützte. Zu Hause kroch ich in mein eigenes Bett, wo ich mit Gizelle kuschelte und mich fragte, weshalb ich eigentlich gegangen war.

Als der 21. Dezember kam, wollte ich New York trotzdem nicht verlassen. Aber ich gab Gizelle und Conner einen Abschiedskuss und nahm den Bus von der Grand Central Station zum Flughafen LaGuardia. Dad holte mich vom Flughafen in Nashville ab. Wir fuhren zu Moms Wohnung in der Nähe von Vanderbilt, wo Tripp, Jenna und Erisy warteten, die gerade aus Kalifornien gekommen waren. Normalerweise sah es Weihnachten bei Mom aus wie am Nordpol – mit Kunstschnee und allem, was dazugehörte –, aber als ich durch die Tür kam und mich umsah, entdeckte ich keinerlei Weihnachtsdeko. Nicht einmal einen Weihnachtsbaum.

Tripp, Jenna und Erisy saßen umgeben von Bastelmaterial auf dem Wohnzimmerboden – Fell, Pfeifenreiniger, Glöckchen, Schleifen, rote Pullover und Flanellhemden. Sie bastelten Outfits für die Weihnachtsparty am nächsten Abend. Tripps iPhone spielte Bing Crosby, und im Fernsehen vor ihnen lief *Die Muppet-Weihnachtsgeschichte*. Erisy sprang auf und schenkte mir ein tolles, weihnachtliches Karohemd, das sie genäht hatte. Es passte zu dem, das sie für sich gemacht hatte, und hätte Martha Stewart die Schamesröte ins Gesicht getrieben. »O Gott, das ist ja perfekt – total schön!« Ich strahlte, als wir uns umarmten. (Warum ist sie so verdammt gut in allem?) Dad trug meine Koffer die Treppe hinauf ins Gästezimmer. Ich legte den Mantel ab, und Erisy und ich huschten ins Bad neben der Küche, um unsere Hemden anzuprobieren. Tripp und Jenna folgten uns, und wir stapelten uns alle in dem winzigen Badezimmer, um unsere Weihnachtsoutfits zu bewundern. Gerade fragte ich Tripp, ob wir mit unseren Oberteilen in die alte Spelunke in Nashville, Villagers Tavern, gehen sollten, um Dart zu spielen, da hörten wir es.

Ein schrecklicher Schrei, gefolgt von dem dumpfen Aufprall eines Körpers auf den Boden. Wir rasten aus dem Bad und die

Treppe hinauf. Da lag Mom, und Dad neben ihr hielt ihren Kopf in der Hand. »Ruft einen Krankenwagen!«, rief er. Moms ganzer Körper war steif, ihre Hände sahen aus wie Krallen, und sie krampfte. Eine Sekunde standen wir bloß da und versuchten zu verstehen, was los war.

»Holt HILFE!«, rief Dad lauter. »HOLT SCHNELL HILFE!« Ich hatte noch nie gesehen, dass Dad solche Angst hatte. Wir setzten uns in Bewegung. Tripp rannte zu seinem Handy, um 911 anzurufen. Jenna rannte los, um ein Kissen für Moms Kopf zu suchen. Ich rannte hinaus auf die dunkle, stille Straße in Hillsboro Village. Die Kälte schlug mir ins Gesicht und kroch mir in die Zehen, als ich barfuß in meinem Weihnachtsflanellhemd dastand. *Hiiiiilfe!*, schrie ich und hörte die Verzweiflung in meiner Stimme. Ich wusste nicht einmal, nach wem ich rief. Erisy kam zu mir gerannt, sie schrie noch höher und wütender, Tränen liefen ihr übers Gesicht. »Sie sieht aus, als würde sie sterben! Stirbt sie? *Stirbt* sie?«, rief Erisy. Bevor ich antworten konnte, hielt sie sich die Fäuste ans Gesicht und brüllte: »HIIIIILLLLLFE!« Ihr Schrei war schlimmer als Moms. »HILFE!«, schrie sie wieder, als ein paar Nachbarn aus ihren Häusern kamen. Ich nahm ihre Hand und versuchte sie an mich zu ziehen. Da hörten wir die Sirenen.

Als die Sanitäter ankamen, hatten Moms Krämpfe nachgelassen. Sie war halb bei Bewusstsein und atmete, lag aber immer noch auf dem Boden, unfähig zu sprechen. Ich stand auf der Treppe und sah zu, wie die Sanitäter sie hochhoben und auf eine Sitztrage legten. Ihr Kopf rollte zur Seite, so dass die Wange gegen die Schulter gequetscht war. Ich wollte Schuhe für sie fürs Krankenhaus holen, und als ich ihren Schrank öffnete, kam mir tütenweise glitzernde Weihnachtsdeko entgegen, die Preisschilder hingen noch dran. Die Mom, die sie sein wollte, steckte da im Schrank.

Ich setzte mich vorn in den Krankenwagen und fuhr mit zum Krankenhaus. Ich weiß nicht, warum ich, aber als älteste Tochter war das irgendwie immer so. Der Rest der Familie folgte mit dem Auto. Der Fahrer fragte, ob Mom ein Drogenproblem habe.

Ja.

Weiß sie es?

Nein.

Hat sie auch ein Alkoholproblem?

Jep.

Weiß sie es?

Ich schüttelte den Kopf.

Weihnachten ist für uns alle schwer, sagte er. Dann erzählte er, auch er habe einmal eine Abhängige geliebt.

Mom blieb drei Nächte im Krankenhaus. Heiligabend fuhren wir zu ihrer Wohnung, um uns zu verabschieden. Wir blieben über Weihnachten in Tennessee, aber sie würde wieder einmal in die Entzugsklinik gehen, diesmal in Florida. Doch das war mir egal. Ich versprach mir selbst, dass es mir egal sein würde, selbst als ich einen ganzen Tag am Telefon hing, um die richtige Klinik für sie zu finden. Ich umarmte Mom zum Abschied. Nicht besonders fest. Ich wollte mich nicht mehr an ihr festhalten.

9
Das Hinken

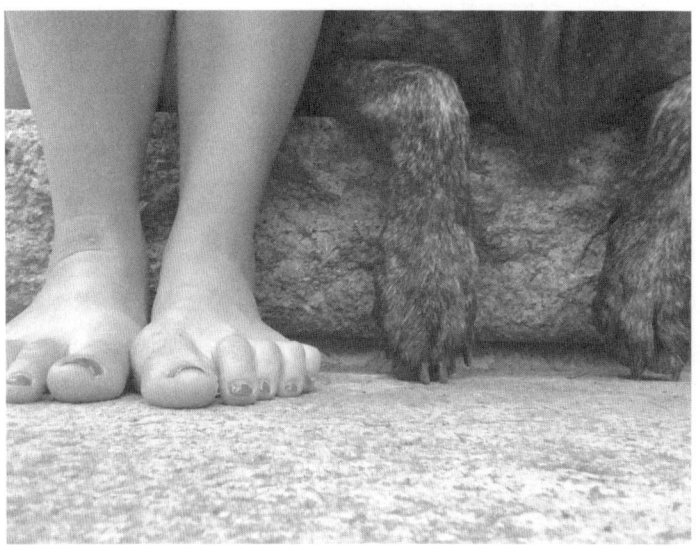

EIN PAAR WOCHEN später war ich zurück in New York, erleichtert, wieder in der Stadt zu sein, und dankbar, Gizelle an meiner Seite zu haben. Der Winter hielt das East Village fest im Griff – Eis, Schnee, Matsch und ein heftiger Wind. Nun hatten wir keinen Hinterhof mehr. Es war zu kalt, um Gizelle mit dem Wasserschlauch im Hundeauslauf im Park zu duschen, wie ich es im Frühherbst getan hatte, also badete ich sie in meiner kleinen Badewanne. Dort wirkte sie immer so entspannt, dass ich manchmal den Impuls hatte, ihr ein paar Kerzen anzuzünden, eine Vogue zu reichen, das Licht zu löschen und sie in Ruhe plantschen zu lassen. Wenn sie aus der Wanne stieg und sich im Bad trockenschüttelte und alles, mich eingeschlossen, mit nassen Hundehaaren besprizte, wirkte sie nicht mehr ganz so damenhaft. Aber Gizelle liebte die Badewanne und kroch gelegentlich hinein, wenn ich nicht zu Hause war, um darin zu schlafen.

Einmal saß *ich* in der Badewanne, während Gizelle im Bad herumlungerte und wie üblich vom Badewasser trank. Plötzlich legte sie eine Pfote auf den Rand der Wanne. *Das tut sie nicht, oder?*, dachte ich, tätschelte ihr den Kopf und hatte danach nasse Hundehaare an der Hand kleben. Dann legte sie eine zweite Pfote auf den Rand. *Nee, auf gar keinen Fall.* Doch bevor ich eine Chance hatte, sie zu bremsen, ließ sie ihre Vorderpfoten in die Wanne gleiten und hob ihr Hinterteil an, um geschmeidig und elegant hineinzusteigen – also in Wirklichkeit wie eine Kanonenkugel ins Wasser zu platschen. Es spritzte über die Kacheln, als sie Wellen in meinem nun nicht mehr ganz so sauberen Bad verursachte. *Das ist ja mal ganz was Neues, Gizelle*, dachte ich und zog die Beine an die Brust. Das Wasser beruhigte sich, und Gizelle saß fröhlich schnaufend da, als würden wir das immer so machen. Gizelle war hocherfreut, wieder einmal eine Gelegenheit zu haben, ihre Mastiff-Superkraft zu zeigen: Dinge, die nicht passen, passend zu machen. Und noch eine andere: die *Ich-bin-immer-für-dich-da-Mädchen*-Kraft.

Wieder in New York, war ich den Problemen meiner Mom zwar äußerlich entkommen, innerlich wurde ich sie diesmal aber nicht richtig los. Wenn ich abends die Augen schloss, sah ich meine Mutter auf der Liege festgebunden, während ihr lebloser Kopf zur Seite rollt. Ich sah ihr bleiches Gesicht, die Ränder unter ihren Augen. Ich erinnerte mich nicht, wann ich sie zuletzt einmal getroffen hatte und mit Sicherheit wusste, dass sie nüchtern war. In meinem dunklen Zimmer im East Village wurde mir klar, dass alle Erinnerungen an meine Mom von Unsicherheit und Zweifeln überdeckt waren – hatte sie einen klaren Kopf, als sie darauf bestand, Gizelle zu kaufen? Wie war das, als sie mich in New York besuchte? Abends im Bett kramte ich in meinem Gedächtnis nach der Stimme meiner Mutter, ihrer echten Stimme, nicht der schleppenden, verwirrten. Und ich suchte nach ihrem Lächeln, fand diese Erinnerungen jedoch nirgends. Aber wenn ich an die Weihnachtsdekoration in ihrem Schrank dachte, hielt ich mich daran fest, dass *dies* meine Mutter war, so wollte sie sein.

Doch meine Mutter ignorierte ihre Situation vollständig. Deshalb wusste ich nicht, was ich dem Sanitäter sagen sollte, als er mich fragte, ob ihr bewusst war, dass sie Probleme hatte. Manchmal war es einfacher zu glauben, es gehe ihr gut, als die Tatsache zu akzeptieren, dass das nicht stimmte. Manchmal sprach ich mit ihr am Telefon, obwohl sie vollkommen betrunken war, nur weil ich sie vermisste und mit ihr reden wollte. Ich konnte mich nie entscheiden, was schlimmer war: Sie als Trinkerin in meinem Leben zu haben oder sie aus meinem Leben zu verbannen. Aber ich wollte nicht mehr die Augen vor dem Offensichtlichen verschließen. Schließlich versklavte genau dieses Verhalten meine Mutter. Also versuchte ich, nach vorn zu blicken, und verbannte sie aus meinem Leben.

Dad schlug vor, ich solle häufiger zu Al-Anon gehen, einer Organisation zur Unterstützung der Angehörigen und Freunde von Alkoholikern. Ich kannte sie; als ich noch jünger war, hatte Dad mich einige Male zu Alateen gebracht. Als Erwachsene hatte ich die Al-Anon-Meetings zwar nicht ganz konsequent besucht, aber ich versuchte immer Zeit dafür zu finden, und jedes Mal, wenn ich hinging, war ich hinterher froh, es getan zu haben. Selbst wenn ich nichts sagte, war es tröstlich, eine Stunde lang in einem Raum mit Menschen zu sitzen, die nachvollziehen konnten, wie ich mich fühlte. Es war tröstlich zu wissen, wie viele andere Menschen mit Abhängigkeit zu kämpfen hatten, dass ich nicht die Einzige war. Trotzdem war mir nicht ganz klar, wie mein Zwölf-Schritte-Genesungsprogramm funktionieren sollte. Daran arbeitete ich noch.

Als der Winter langsam in den Frühling überging und ich versuchte, mir keine Gedanken mehr um Mom zu machen, wurde die Beziehung mit Conner ernsthafter. Ich freute mich riesig, wenn er mir E-Mails schickte, in denen so etwas stand wie: »In ein paar Wochen habe ich einige Meetings in Philly. Wollt ihr vielleicht mitkommen, du und Gizelle? Ich hoffe es, denn ich habe schon ein Zimmer für uns drei gebucht.« Dann holte er uns mit einem Mietwagen ab, dessen Rücksitz er wegen Gizelles Haaren mit Strandtüchern ausgelegt hatte, und wir fuhren nach Philadelphia, wo Gizelle Hundeleckerchen in Form der Liberty Bell bekam. *Er ist so pragmatisch!*, dachte ich. *Liberty Bell, Philly, Conner, Gizelle, irgendwie passt das alles.*

Ihn konnte ich nicht auch noch verlieren. Ich brauchte jemanden, der mir Sicherheit bot und mir bestätigte, dass alles gut werden würde. Gizelle und ich verbrachten fast jede Nacht, die er in der Stadt war, in seiner Wohnung. Ich spürte, wie ich mich von einem Mädchen, dem es nichts ausmachte, allein zu sein, in eines verwandelte, das entsetzliche Angst davor hatte. Manchmal kritisierte ich ihn, weil er meiner Meinung nach seine Gefühle mir und unserer Beziehung gegenüber nicht deutlich genug ausdrückte. Dann versuchte ich, ihn zu kontrollieren, so zu verändern, dass er meinem Idealbild entsprach, was aber nur zu den immer gleichen Streits führte. »Du meckerst ständig an mir herum!«, sagte er und verdrehte die Augen. »Ich tu mein Bestes für dich. Du bist mir wirklich wichtig. Aber deine andauernde Meckerei macht es mir nicht leicht!«

Dann weinte ich, entschuldigte mich und sagte, ich wolle nicht so ein Mädchen sein, das dauernd an seinem Freund herumkrittelte. Ich wollte keine nervige, nörgelnde Freundin sein. So war ich eigentlich nicht. Ich wollte unabhängig und unkompliziert sein. Rebecca fragte immer, wie ich reagieren würde, wenn Conner mir wirklich einmal sagte, dass er mich über alles liebte und mich umwerfend fand? »Könntest du ihm überhaupt dasselbe sagen?«, fragte sie mich zweifelnd. »*Liebst* du ihn?« Ich antwortete nicht. Ich wusste es nicht. Ich wusste nur, dass es mir ohne ihn nicht gutging, und das hatte ja wohl einen Grund, oder nicht? Ich führte die Beziehung weiter. Ich lud ihn sogar zu einem Familienausflug in die Berge ein, damit er Dad, Erisy, Tripp und Jenna kennenlernte.

Und dann saß ich eines Tages in meinem Büro in Tribeca, und mein Chef kam herein. Er betrachtete die ordentlich gestapelten Kisten, die beschrifteten Kleiderständer, die nach Farben sortierten einfachen Rundhals-T-Shirts und die paarweise gebündelten Schuhe. »Tja. Du weißt inzwischen, wie man eine Kleiderkammer sortiert, hm?« Er lächelte und fuhr mit der Hand über den Schreibtisch, auf dem keine Muster mehr herumflogen. Er hatte recht: An diesem Tag vor meinem Computer wurde mir klar, dass ich nun wirklich wusste, wie man eine Kleiderkammer aufräumt. Also war es vielleicht an der Zeit, mich nicht mehr in ihr zu verstecken.

Ich machte mich wieder mit meinem Lebenslauf auf und ergatterte ein Vorstellungsgespräch bei einer Reise-PR-Firma in Midtown. Vorher hatte ich nicht einmal gewusst, dass es so etwas wie Reise-PR gab, und dachte nach dem Gespräch: *Den Job hab ich wohl nicht bekommen.* Einige Wochen später bekam ich jedoch eine Mail, in der mir ein Job als Kundenbetreuerin angeboten wurde. »Das ist doch ein Scherz«, sagte ich zu Rebecca, als ich zu der Stelle kam, an der sie fragten, welchen Namen ich gern auf meiner Visitenkarte stehen hätte. *(Visitenkarten!)* Ich freute mich riesig; hatte aber zugleich das Gefühl, sie hinters Licht geführt zu haben. Es war der perfekte Arbeitsplatz für eine Reiseliebhaberin wie mich. Ich arbeitete mit einem Veranstalter für Individualreisen namens Jacada Travel zusammen, der luxuriöse, maßgeschneiderte Reisen in aller Welt anbot, und mit einem Fünfsternehotel mit dem Namen Sumaq in Machu Picchu. Ich verfasste Texte über Abenteuerreisen und abgelegene, exotische Orte. Na gut, der Job beinhaltete nicht zwangsläufig, diese abgelegenen, exotischen Orte zu besuchen, aber ich hatte trotzdem die Hoffnung, irgendwann einmal dorthin geschickt zu werden.

Das Beste an meinem neuen Job war, dass ich in einem kleinen Unternehmen bei einer Chefin arbeitete, die Hunde liebte – ich konnte Gizelle also ab und zu mit ins Büro bringen.

Sie fuhr mit dem Lastenaufzug in den fünften Stock und nahm ihren eigenen Job – viele Stunden unter meinem Schreibtischstuhl zu schlafen – sehr ernst.

Ich hatte mein Leben im Griff. Ich hatte einen Freund, eine beste Freundin, eine Wohnung im East Village, eine Stelle und vor allem Gizelle! Ich versuchte sogar, mich für den New-York-City-Marathon zu qualifizieren und absolvierte die längeren Läufe von acht, neun, zehn Meilen allein und kürzere Strecken mit der Knie-hoch-Technik zusammen mit Gizelle.

Es war so ein Tag, an dem es aussah, als könne es regnen, obwohl der Wetterbericht angekündigt hatte, dass es trocken bleiben würde. Ich ließ Gizelle von der Leine, sie rannte los, galoppierte vor mir her und drehte gelegentlich den Kopf, um zu schauen, ob ich hinterherkam. Ich gab Gas, bis wir wieder nebeneinander liefen, verlangsamte dann und ging dazu über, die Knie beim Laufen hochzuziehen. Ich schaute über das Wasser nach Brooklyn. Ein kleines Stück blauer Himmel lugte durch die Wolken. Ich sog tief die frische Luft ein und sah hinunter zu meiner besten Freundin. Doch die war nicht mehr neben mir.

»Gizelle?«

Ich blickte über die Schulter und sah, dass sie mehrere Schritte hinter mir lief, und zwar so, als wolle sie vermeiden, dass ihre linke Hinterpfote den Boden berührte. Sie senkte sie langsam ab und hob sie dann schnell wieder, als wäre der Asphalt zu heiß.

Ich kehrte um, ging zu ihr zurück und kniete mich auf den Bürgersteig unter der Williamsburg Bridge.

»Zeigst du mir mal deine Pfote? Die Pfote, okay, Mädchen?«, bat ich. Ich dachte, dass vielleicht irgendetwas von den Straßen New Yorks in Gizelles überdimensionaler Pfote steckte.

Ich beugte mich über sie und drehte sanft ihre linke Hinterpfote zu mir, um die tiefen Spalten zwischen den Ballen zu untersuchen.

Ich drückte an ihren Läufen herum. »Tut das weh, Gizelle?«, fragte ich leise und sah ihr forschend in die Augen, ließ ihr Zeit zu reagieren. Ich wusste, sie würde mir Bescheid geben. Sie hechelte. »Wie ist es hier?« Ich drückte wieder. Gizelle legte den Kopf schief und sah mich neugierig an. Dann knabberte sie an meiner Nase und schob ihren Körper auf mein Knie, um sich hinzusetzen. *Willst du mir damit sagen, dass alles in Ordnung ist?* Ein paar Minuten massierte ich ihre Flanken. Dann gab ich ihr drei »Auf geht's!«-Klapse, und sie rutschte von meinem Bein, damit wir uns auf den Heimweg machen konnten. Wir waren etwa zehn Schritte weit gekommen, da …

Ein Hinken.

Kaum sichtbar, aber definitiv vorhanden.

Zu Hause rief ich Conner an, der daraufhin schnell vorbeikam. Mit der Hand am Kinn beobachtete er Gizelle, während ich sie über den schmalen Flur auf und ab gehen ließ. »Ach, sie ist bestimmt nur in etwas hineingetreten.« Er kniete sich hin, um ihre Pfoten und Beine zu untersuchen, und beruhigte mich, als wäre dies hier nichts. »Ehrlich. Die Chancen stehen – wie viel? Zehn zu eins? –, dass irgendwo in ihrer Pfote etwas steckt, das wir nicht sehen«, versicherte er, drehte eine weitere Pfote nach oben und kniff die Augen zusammen, um sie noch gründlicher zu untersuchen. Gizelle saß geduldig da und ließ zu, dass Conner eine Pfote nach der anderen anhob. Er sah aus, als würde er kopfrechnen, während er sie untersuchte.

»Nein, das ist es nicht. Ich weiß, dass es das nicht ist«, sagte ich schnippischer als beabsichtigt.

Er setzte sich kurz hin, offenbar verwirrt, und erhob sich einen Moment später wieder. »Dann weiß ich auch nicht. Das ist echt seltsam.« Er biss sich auf die Lippen und ließ ratlos die Arme sinken. Es beunruhigte mich, wenn Conner sagte, er wisse etwas nicht. Sonst wusste er immer alles. Das war seine beste und zugleich seine schlechteste Eigenschaft.

»Vielleicht gehst du mal mit ihr zum Tierarzt?«, schlug er vor.

Bei unserem ersten Termin sah sich die Tierärztin Gizelles Gang an und tippte sich, ähnlich wie Conner es getan hatte, mit dem Zeigefinger ans Kinn, während ich Gizelle im Neonlicht über den Flur hin und her führte. »Okay, hiiiier entlang, Gizelle. Jetzt hiiiier. Braver Hund.« Gizelle folgte mir eifrig, mit erhobenem Kopf und tapsenden Pfoten. Das war natürlich super, aber wir waren ja nicht grundlos beim Tierarzt.

»Sie wirkt gesund«, erklärte die Tierärztin. »Das Hinken, das Sie gesehen haben, war möglicherweise nur eine Steifigkeit nach dem langen Winter. Sie scheint keine Schmerzen zu haben. Behalten Sie sie erst einmal im Auge.«

Also behielt ich sie ein paar Wochen im Auge – und sah nichts Besonderes. Gizelle wirkte fit. Aber eines Tages im Tompkins Square Park kehrte das Hinken zurück. »Sie läuft komisch, oder? Sieht eines ihrer Beine nicht schwerer aus als die anderen?«, fragte ich Conner nervös, als Gizelle vor uns trottete und ihr Hinterbein leicht über den Asphalt schleifte. Wir gingen erneut zur Tierärztin. Die begutachtete noch einmal Gizelles Gang und diagnostizierte: Steifigkeit? Arthritis? Hüftdysplasie? Depression? Und: »So, wie sie Sie ansieht, scheint Gizelle sehr an Ihnen zu hängen und Ihre Gefühle wahrzunehmen, Lauren. Sind Sie in letzter Zeit niedergeschlagen gewesen? Es könnte sein, dass sie Ihre Stimmung förmlich aufsaugt.« Und: »Gizelle hat eine Harnwegsinfektion.«

Die Ärztin pumpte Gizelle voll mit Vitaminen und Medikamenten gegen die Infektion. Ich bestellte ein beheizbares

Hundebett, das gegen Gelenkschmerzen helfen sollte. Die Tierärztin riet mir außerdem, an Tagen, an denen das Hinken besonders schlimm war, ein Handtuch unter Gizelles Hinterbeine zu legen, um sie wie mit einem Gabelstapler anzuheben und ihr so zu helfen, die Treppen zu meiner Wohnung zu bewältigen.

Ich blieb optimistisch. Die Ärzte sahen noch nichts allzu Ernstes, und das Hinken kam und verschwand wieder. An manchen Tagen schien es ihr wirklich gutzugehen. Einmal beschloss ich, eine ganzheitliche Tierhandlung aufzusuchen, um mir dort Rat einzuholen. Conner kam mit. An Regalen mit Bio-Katzenminze und biologisch abbaubarem Kauspielzeug vorbei gingen wir in den hinteren Teil des Ladens, wo sich eine Reihe Hunde- und Katzenbesitzer vor einem alten, auf einem Holzstuhl hockenden Mann gebildet hatte. Er hatte wuscheliges, weißes Haar, große Altmänner-Ohren und saß hinter einem Tresen voller Vitamine, verstaubter Bücher und Gläsern mit bunten Pulvern.

Während wir warteten, daddelte Conner auf seinem Smartphone herum, Gizelle saß mir zu Füßen. Die Frau vor mir schwafelte den Mann aufgeregt mit irgendetwas über ihren Yorkie zu, der Panikattacken habe (Zufall?). Der Mann auf dem Stuhl hörte aufmerksam zu, zeigte jedoch keinerlei Anzeichen von Mitgefühl. Er versicherte der Dame, sie müsse ihrem Yorkie nur zweimal täglich Honeysuckle-Bachblüten geben, dann würde seine Angst verschwinden. Dankbar eilte sie davon. Ich war die Nächste. Misstrauisch beäugte mich der Mann.

»Hallo … äh, das ist Gizelle«, sagte ich. »Sie ist … ähm …« Bevor ich zum Punkt kommen konnte, unterbrach er mich.

»Was für ein Futter bekommt der Hund?«

Als ich es ihm sagte, hätte ich meine Antwort am liebsten

sofort wieder zurückgenommen. Angewidert verzog er das Gesicht, dann warf er mir einen scharfen Blick zu: »Sie wollen mir also sagen, dass Sie diesem schönen Hund, diesem unglaublichen Wesen, das Sie in Ihrer Obhut haben …« Er brachte sein Gesicht näher an meins. »*Scheiße* zu fressen geben?« Ich öffnete den Mund, aber heraus kam nur ein Stottern. Ich sah, wie Conner in der Ecke kopfschüttelnd auf sein iPhone starrte. Es ärgerte mich, dass er sich nur damit beschäftigte. Ich wollte, dass er neben mir stand und zuhörte, anstatt den Kopf zu schütteln, während ich belehrt wurde.

»Sie sind jung. Das sehe ich. Das *höre* ich. Wie alt sind Sie? Neunzehn?«, fuhr der Mann fort. »Dies hier ist eine prachtvolle Kreatur.« Er legte seine runzlige, geäderte Hand auf Gizelles Kopf. »Dieser Hund verdient etwas anderes als *Scheiße*.«

Ich schluckte. Ganz meine Meinung. Ich wollte Gizelle keinen Scheiß füttern. Aber ich war nicht davon ausgegangen, dass unser Futter so schlimm war. Zumindest mochte sie es.

Als Nächstes wühlte der Mann in einer Schublade und holte einen leeren Rechnungsblock heraus. »Bevor ich Ihnen helfen kann, müssen Sie das hier unterschreiben.« Er räumte den Tresen frei, um ein Blatt auszubreiten, auf das er mit Nachdruck schrieb. Dabei las er jedes einzelne Wort laut vor.

»Ich

werde

meinem

Hund …«

Er hielt einen Augenblick inne und tippte sich mit dem Stift ans Kinn. »Wie heißt der Hund noch mal?«, fragte er.

»Gizelle.«

»Ach ja, ja, ja, ja, ja.« Er fuhr fort.

»Ich werde meinem Hund Gizelle KEIN anderes Futter mehr geben als Blue Buffalo Brand.«

156

»Unterschreiben Sie«, verlangte er und klopfte zweimal mit dem Stift auf das Papier. Ich hatte nicht vor, mich zu streiten oder ihn nach einer Klausel zu fragen, die auch Menschennahrung erlaubte. Ich nahm den Stift und gab meine Zustimmung. Der Mann unterschrieb ebenfalls, und dann schlurfte er durch den Laden, gefolgt von Conner, Gizelle und mir. Ich wollte ihm eigentlich mehr über Gizelles gelegentlich auftretendes Hinken erzählen. Stattdessen plapperte ich nur darüber, dass sie hin und wieder stank, über ihre Harnwegsinfektion, ihr ständiges Haaren, ihre manchmal trockene Nase, dass ich nach einem neuen, biologischen Mittel suchte, um ihr die Ohren zu säubern und die Zähne zu putzen und so weiter. Er sagte nicht viel, aber ehe ich es mich versah, ließ ich eine dreistellige Summe in der ganzheitlichen Tierhandlung und konnte es kaum erwarten, Gizelle zu Hause das neue Futter und die Vitamine zu geben. »Vielen Dank«, sagte ich und verbeugte mich fast vor dem Mann, als ich die Tüten vom Tresen hob.

»Der Typ hat einen an der Waffel«, flüsterte Conner und nahm Gizelles Leine.

Das Hinken verschwand nicht, aber ansonsten schien es Gizelle ganz gut zu gehen. Sie war fröhlich, wedelte mit dem Schwanz und hatte Appetit. Trotzdem machte ich mir Sorgen. Ich ging zu einem weiteren Tierarzt bei mir in der Nähe im East Village, nur um zu schauen, ob dieser noch eine andere Idee hatte. Hinter dem Empfang standen zwei Damen, eine davon mit einem starken Jersey-Akzent. Sie trug jede Menge funkelnden Goldschmuck um den Hals und hatte eine Pfote auf das Handgelenk tätowiert. Sie bezeichnete Gizelle die ganze Zeit als meine *Tochta*, das gefiel mir. Ich bat sie – wie alle anderen zuvor –, sich Gizelles Gang anzusehen. Doch schon saß die Dame mit dem Akzent auf dem Boden hinter Gizelle und rieb die Oberschenkelmuskeln ihrer Hinterbeine, während ich im Schneidersitz vor Gizelle saß, sie streichelte und ihr die Ohren massierte, damit sie sich so wohl fühlte wie möglich. Als die Ärztin an die Stelle von Gizelles Bein gelangte, die bei einem Menschen das Knie wäre, bei einem Hund aber das Sprunggelenk ist, schaute sie mich an Gizelle vorbei an.

»Calor«, sagte sie und drückte erneut mit dem Daumen auf die Stelle. »Jap. Da ist eine Entzündung.« Sie nickte, wie um ihre Aussage zu bestätigen.

Sie empfahl mir, Gizelle bei einem anerkannten Tierneurologen genauer untersuchen zu lassen. Was würde der mir sagen?, fragte ich. Heißt das, es ist etwas Ernstes? Gizelle ist erst sechs. Wie kann das sein?

So schnell wie möglich machte ich einen Termin bei dem Tierneurologen im Stadtzentrum. Wir fuhren mit dem Taxi dorthin, ich schwänzte die Arbeit, nur um festzustellen, dass mein Mastiff zu groß für den dortigen CT-Scanner war. Aber man sagte mir, es sei wahrscheinlich ohnehin nur ein Bänderriss. Ich solle dafür sorgen, dass sie vier Wochen Ruhe hatte, höchstens zwei Mal am Tag für zehn Minuten mit ihr rausgehen, und dann könnte es von selbst heilen.

Es *könnte* heilen? Und was, wenn nicht? Der Tierarzt pumpte sie mit Schmerzmitteln voll und meinte, die Praxis in New Jersey habe einen größeren CT-Scanner. Ich schluckte. Ich spürte, wie meine Lippe zitterte. Wenn ich den Scan unbedingt jetzt durchführen wolle, könne ich ein Auto mieten und sie dorthin fahren. »Aber … Aber … testen auf was?«, fragte ich, und er zählte all die schrecklichen Dinge auf, um die es sich handeln könnte. Ich fing an, leise zu schluchzen, dann laut zu weinen, und dann strömten mir die Tränen nur so übers Gesicht. Um mich zu trösten, sagte er, ich könnte noch ein wenig abwarten, beobachten, ob das Hinken durch das

Schmerzmittel und die anderen Medikamente verschwinden würde. Mit Gizelles Kopf in meinem Schoß saß ich auf dem kalten Kachelboden und sah zu dem Tierarzt hinauf. Ich hatte Angst, aber ich konnte die ungeheuren Tierarztrechnungen nicht komplett ausblenden, also beschloss ich, optimistisch zu sein und zu warten. »Vielleicht wird es besser. Möglicherweise hat sie sich nicht genug ausgeruht«, fügte er hinzu. »Machen Sie sich keine Sorgen.«

Aber das konnte ich nicht. Eine meiner größten Sorgen waren die Treppen zu meiner Wohnung. Gizelle konnte sich dort, wo wir lebten, nicht ausruhen. Ich lebte in einem Haus ohne Aufzug.

»Es sind die Treppen«, schluchzte ich. »Sie kann sich nicht erholen, wenn sie immerzu die Treppen rauf- und runtergehen muss!« Das Ganze war zu viel für mich. Gizelle lag mit dem Kopf in meinem Schoß, beinahe so, als würde sie mich trösten wollen, die da saß und ihren dummen Arbeitsblazer nass heulte.

»Ich meine, ich könnte sie nach Hause nach Nashville bringen, aber …« Ich weinte weiter. Der Tierarzt sah mich an, als wolle er mir helfen, wisse aber nicht, wie.

Nach dem Tierarztbesuch rief ich meine Tante an, weil ihre beste Freundin Mastiffs besessen hatte. »Wie alt ist Gizelle?«, fragte sie gleich. Genau wie bei ihrem Gewicht wollte ich ihr Alter abrunden, aber dann realisierte ich, dass es eine Rolle spielte. »Große Hunde werden einfach nicht so alt, Schätzchen. Meine Freundin hat ihren verloren, als er fünf war.« Ich spürte einen Stich im Herzen, und mir wurde klar, dass ich immer davon ausgegangen war, Gizelle würde so lange leben wie ich.

Am Abend lag ich mit meinem Tagebuch im Bett. Während ich schrieb, legte Gizelle die Schnauze aufs Bett und schnüffelte mit ihrer feuchten Nase an dem Buch herum. Ich fühlte mich schrecklich verloren und wusste nicht, was ich mit Gizelle machen sollte. Kimmy sagte, sie könne ein paar Tage in ihrer Wohnung im ersten Stock auf sie aufpassen, solange ich mir etwas überlegte. Auch Conner bot seine Hilfe an. Mein Vater sagte, ich könne sie nach Nashville bringen, wo er sich um sie kümmern würde. Aber ich wollte nicht, dass tausend Meilen zwischen ihr und mir lagen. Meine Tante hatte gesagt: »Sie leben einfach nicht so lang, Fernie.« Und der Tierarzt hatte gemeint, es könne etwas Ernstes sein. Das bekam ich nicht mehr aus dem Kopf.

Ich sah Gizelle an, die ihre Nase an mein Tagebuch drückte. Mein dummes Tagebuch, das all meine Listen enthielt. Meine dummen Listen, mit allem, was ich mir wünschte. Und dann sah ich Gizelle in die glänzenden Augen und dachte an das, was *sie* gern erleben würde. Auf einmal waren meine eigenen Listen nicht mehr so wichtig. Stattdessen hatte ich die Eingebung, ich müsse das Beste aus meiner Zeit mit Gizelle machen.

Ich begann aufzuschreiben, was ich mit Gizelle machen wollte und was sie gern tat. *Also … Was macht Gizelle gern?* Sie ging gern zum Washington Square Park, um Leute zu beobachten. Sie liebte den Times Square am Morgen, wenn er rosa erleuchtet, wunderschön und still war. Sie kuschelte gern und mochte Tanzpartys und Roadtrips.

Moment mal. Roadtrips. Ich dachte an den Sommer, in dem ich neunzehn gewesen war und mich mit Erisy, Yoda und Fatty ins Auto gequetscht hatte und losgefahren war. Gizelle liebte Autofahren. Und das hatten wir schon eine ganze Weile nicht mehr getan.

10
Ein Roadtrip

Es WAR DAS perfekte Wochenende für eine Fahrt ins Blaue. Es war Juli, und Rebecca und ich hatten sowieso schon geplant, uns freizunehmen. Wir waren zu einer Geburtstagsfeier von einem ihrer vielen Wall-Street-Freunde in den Hamptons eingeladen. Sie fand in einem hübschen, weißen Haus mit Gartenpool statt, in dem Plastikschwäne und Wasserspielzug in Form von Donuts und Pizza schwammen. Ich schrieb ihr eine Nachricht. »Ich will nicht nach Sag Harbor und mit einem Haufen Snobs abhängen. Wir können nicht mal Gizelle mitnehmen.«

Sie schrieb zurück: »Genau das habe ich auch gedacht.«

Ich rief den Tierarzt an. »Ich weiß, Gizelle soll nicht laufen, aber darf sie einen Ausflug mit dem Auto machen? Wenn ich ganz vorsichtig bin?«

»Aus meiner Sicht spricht nichts dagegen«, antwortete er.

Also schrieb ich Rebecca: »Roadtrip?«

»Roadtrip.«

Daraufhin mieteten Rebecca und ich einen Toyota Prius und verließen New York. Gizelle lag ausgestreckt auf der umgeklappten Rückbank.

Unser erster Halt war der New Yorker Stadtverkehr. Stoßstange an Stoßstange standen die Autos im Sommerregen. Ich warf einen Blick in den Becherhalter, und mir wurde klar, dass es ein Fehler gewesen war, Rebecca zu überlassen, etwas zum Knabbern für die Fahrt einzupacken. »Der Kohl des Meeres!«, rief sie, als sie eine Tüte Seegras-Chips aufriss und einen auf ihre Zunge legte. In der Hoffnung, etwas anderes als eine zweite Tüte Seegras-Chips zu finden, grub ich in der Einkaufstasche zu meinen Füßen herum, aber sonst gab es nur noch Hundekekse. Ich öffnete die Schachtel und gab Gizelle ein paar. Sie nahm mir jeden Keks vorsichtig aus der Hand – wie eine Dame –, und mit einem einzigen Biss war er verschwunden. Ich war etwas angespannt. *Ist diese Tour nicht eine ganz schlechte Idee und total unverantwortlich? Wahrscheinlich sollte ich Gizelle eigentlich gerade nach Nashville bringen. Ich habe keinen Plan. Ich brauche einen Plan. Das ist nicht gut.*

Die Scheibenwischer des Leihwagens schoben sich quietschend vor und zurück, und der Regen trommelte laut aufs Autodach. Wir hatten eine *Art* Plan. Na ja, eher ein Konzept. Fest stand, dass wir Richtung Norden fuhren und dass der Trip in Stow, Massachusetts, wo Rebeccas Eltern lebten, beginnen und in Kittery, Maine, wo Rebeccas Schwester und deren Mann lebten, enden sollte, aber darüber hinaus … fuhren wir einfach. Und legten nicht gerade einen rasanten Start hin.

Vielleicht war es der Regen. Oder der Verkehr. Oder der Halt in der Nähe von New Haven, den ich vorgeschlagen hatte, um Lebensmittel einzukaufen. (Ich füllte den Einkaufskorb mit Nutella, Erdbeeren, Chips, Mortadella für Gizelle, Truthahn für Gizelle, Schinken für Gizelle, während Rebecca die »tolle Alternative zu Chips« kaufte – Karotten.) Oder die Mortadella war schuld. Auf jeden Fall hatte Gizelle Schwierigkeiten. Verdauungsschwierigkeiten. Alle fünf Minuten waberte ein übler Gestank durchs Auto. *Gizelle! Schon wieder, Mädchen? Mach die Fenster auf. Sollen wir anhalten? Ich glaube, das wäre echt besser.*

Also hielten wir irgendwo zwischen New Haven und Stow, halfen Gizelle aus dem Auto, als würden wir ein schweres Sofa aus dem Wagen hieven, damit sie ihre Beine nicht belasten musste. Und dann standen wir auf einem Fleckchen Wiese und warteten …

Und warteten …

Und warteten.

»Sie muss bestimmt.«

»Ganz sicher.«

»Das kann doch nicht sein.«

Aber sie stand nur da und starrte in die Gegend, hechelnd und lächelnd. Es war fast, als würde sie darauf warten, dass wir etwas taten. So vergingen zehn Minuten.

»Also gut, Gizelle. Aber wir halten nicht noch mal. Chance verpasst, Mädchen.« Wir hoben sie zurück ins Auto. *(Eins, zwei, drei, hopp. Au. Au. Au. In die Richtung. Nein, in die. Puh. Oh, Mist. Uff.)* Wir waren zwanzig Minuten gefahren, als unsere Nasen wieder etwas witterten. *GIZELLE!! Sollen wir anhalten? Ja, lass uns anhalten.*

Als wir in Stow ankamen, war es elf Uhr abends, und wir waren müde, wurden aber schnell wieder munter, als Rebeccas Eltern erwähnten, dass in der Küche selbstgemachte Pizza auf uns wartete. Rebeccas Vater war eher von der stillen Sorte, was ihn aber nicht davon abhielt, mit Gizelle zu sprechen.

Rebeccas Mutter, Kathy, war das Gegenteil von still. Sie war Köchin, Gärtnerin und Outdoor-Fan. Während wir also ihre Gourmetpizza aßen, kramte sie in einem Schrank herum und zauberte alles für unsere Tour hervor, was wir vergessen hatten (oder nicht besaßen). *Regenjacken, Stirnlampen, Ponchos, Wasserreiniger, Kompass, Karten.* Sie gab uns unzählige Karten, breitete sie auf der Arbeitsplatte in der Küche aus und erzählte uns von all den tollen Orten in New England, an die wir Gizelle bringen konnten. O Mann, es fühlte sich so gut an, in einem Haus in der Küche zu sitzen, mit einer Mom, einem Dad und meiner Rebecca, und im warmen Licht der Küchenlampe Pizza zu essen. Ich warf Gizelle meinen Pizzarand zu. Sie verpasste ihn, schnappte ihn sich aber schnell vom Boden. Mir war klar, dass ich meinen Vertrag mit dem Typen aus der ganzheitlichen Tierhandlung brach, und mir war ebenfalls klar, dass es weder das erste noch das letzte Mal war.

Nach dem Abendessen folgten wir Rebecca in ihr altes Zimmer. Ich half Gizelle aufs Bett, und Rebecca und ich krochen ebenfalls hinein. Gizelle legte den Kopf auf das Kissen neben unseren Köpfen, ihr Körper befand sich in einer Linie mit unseren. Rebecca und ich kletterten auf jeweils eine Seite von ihr und schlangen die Arme um sie.

»Ich bin froh, dass wir nicht in die Hamptons gefahren sind«, flüsterte ich.

Rebecca tätschelte mir den Arm, und ich wusste, dass es ihr genauso ging.

Am nächsten Morgen machten wir uns auf den Weg in die White Mountains. Die Fahrt in die Berge dauerte drei Stunden, und zur Orientierung verwendeten wir Karten. Die alten Faltpläne, die Kathy uns gegeben hatte, nicht Google Maps. Das bedeutete, dass wir eine Menge U-Turns machten, was uns allerdings nicht sonderlich störte – wir hatten unseren Spaß.

»Ich bin süchtig nach den Dixie Chicks«, sagte Rebecca, drehte die Anlage auf und sang die fetzige Musik mit, während wir durch tiefe Täler und durch Wälder fuhren. Als ich mich nach Gizelle umdrehte, hatte sie ein breites, seliges Grinsen aufgesetzt, und die Zunge hing ihr aus dem Maul wie eine Socke. Anscheinend war dieser Roadtrip doch keine so schlechte Idee gewesen. So zufrieden hatte ich sie schon ewig nicht mehr gesehen.

Wir legten eine Pause ein, um Handstand auf einer Wiese

166

zu machen. An einem Bach hielten wir ein Nickerchen; Gizelle war groß genug, um uns beiden als Kissen zu dienen. Als wir die White Mountains schließlich erreichten, nahmen wir Gizelle mit zur Happy Hour im Woodstock Inn, wo sie eine riesige Schüssel mit Eiswasser bekam. Rebecca und ich bestellten zwei Pigs Ears Brown Ales und brachten die Getränke auf die Terrasse. Um mich herum nichts außer blauer Himmel, ein hübscher Naturbusche an der Bar und meine besten Freundinnen. »Happy Hour in den Bergen«, schrieb ich auf Gizelles Liste.

Hauptsächlich fuhren wir Gizelle herum. Sie durfte kaum gehen, und mit dem Auto ließ sich das auf angenehme Weise vermeiden. Wir fuhren den Kangamagus-Highway entlang, und Gizelle steckte den Kopf aus dem Fenster. Ihre Ohren flatterten im Wind. Auch Rebecca und ich steckten abwechselnd den Kopf aus dem Fenster, nur um nachzusehen, was Gizelle so faszinierte. Der Wind riss mir das Haargummi heraus und wehte mir meine Haare wild ins Gesicht. Ich schloss die Augen, konnte aber immer noch die Sonne sehen, die hell durch die Bäume schien. Ich streckte die Arme aus dem Fenster und fühlte mich, als würde ich fliegen. Fatty hatte es die ganze Zeit gewusst: Das hier fühlte sich großartig an.

Als wir an dem Schild nach Loon Mountain vorbeifuhren, mussten wir uns neu orientieren, also hielten wir an. Rebecca saß auf dem Fahrersitz, und Gizelle hatte den Kopf auf die Mittelkonsole gelegt. Wir falteten die Karte auseinander und hielten sie zwischen uns.

»Wo lang, Gizelle?«, fragte ich, als hätte sie eine Vorliebe.

Franconia Notch? Wir konnten mit Gizelle nicht wandern. Flume George? Dasselbe Problem. Santa's Village? Kitschig. Sugar Hill? Rebecca und ich sahen uns an und lächelten.

Wir machten uns auf den Weg nach Sugar Hill, einfach,

weil uns der Name gefiel. Wir fuhren eine Stunde, bis wir an einen Hügel kamen (aha, daher der Name). Wir blickten uns an, dann auf die Karte, und dann fuhren wir den saftig grünen Hügel hinauf, ohne die leiseste Ahnung, was uns erwartete, kurvten durch saftiges Grün, nicht wissend, wohin wir unterwegs waren oder warum – wir wollten uns einfach die Welt ansehen. Oben wurde die Straße flach, und wir sahen eine kleine rote Scheune, die HARMAN'S CHEESE & COUNTRY STORE beherbergte, wo es den angeblich besten Cheddar der Welt gab. Wir blickten uns um und sahen nichts als Felder mit Lupinen und knallgrünem Gras. Bestand Sugar Hill wirklich nur aus einem Käseladen?

Nun, Gizelle, Lauren und Rebecca mochten Käse. Ich suchte meinem Mädchen einen schönen Platz auf der Terrasse, damit sie nicht weit laufen musste, und Rebecca und ich gingen in den Laden. Wir probierten den »besten Cheddar der Welt«, kauften welchen für Gizelle (schon wieder ein Vertragsbruch) und setzten uns mit ihr draußen auf die Holzveranda.

Der Polizist von Sugar Hill schaute vorbei.

»Tag, die Damen. Was für ein süßer kleiner Hund.« *Kleiner Hund?* Hatten wir Gizelle in ihr Traumland gebracht? Langsam fuhr ein Thunderbird Convertible in altmodischem Rosa vorbei und hupte. Der Fahrer winkte zum Gruß mit dem Hut aus dem Fenster.

»Tag, Officer Joe!«

»Tag, Sam!«

Wir plauderten mit dem Polizisten übers Wetter – klar, blau, sonnig … »ein weiterer perfekter Tag in Sugar Hill.« Waren wir in eine Zeitmaschine gestiegen und in Mayberry gelandet?

Wir gingen zurück zum Auto, und als wir wegfuhren, entdeckten wir eine Aussichtsplattform, einen in den Hügel gebauten hölzernen Balkon mit einem Baumstumpf in der Mitte. Wir setzten uns mit dem weltbesten Cheddar-Käse, einer Packung Kekse und einer Flasche Sekt, von der Rebecca darauf bestand, dass wir sie öffneten, auf den Baumstumpf. Gizelle schlabberte Wasser aus ihrer Schüssel. *Plop!*, machte der Sektkorken. Die Aussicht von Sugar Hill war so weit, dass ich nicht wusste, wo ich den Blick ruhen lassen sollte. In der Ferne hinter einem breiten Streifen hügeligen Landes waren die White Mountains zu sehen. Die Wolken warfen Schatten auf die Erde und ließen die grünen Baumkronen dunkelblau erscheinen. »Wir sollten ›den weltbesten Käse mit dem weltbesten Panorama‹ auf Gizelles Liste schreiben«, schlug Rebecca mit dem Mund voll Käse und der Sektflasche in der Hand vor und zeigte auf mein Tagebuch. Dann nahm sie einen Schluck.

Ich saß auf dem Baumstumpf, streichelte Gizelle mit dem Fuß und dachte über die Dinge nach, vor denen ich floh, die Dinge, die ich in Nashville und New York zurückgelassen hatte und denen ich mich jetzt nicht stellen wollte, nicht stellen *musste*. Für einen Augenblick fühlte es sich so an, als wären wir allem entkommen. Der Hitze der Stadt, die von den Gebäuden, Mauern und Gehwegen abstrahlte. Der Hitze der Entzündung in Gizelles Bein.

Wir verbrachten eine weitere Nacht in New Hampshire, und als wir am nächsten Tag nach Maine fuhren, sah Rebecca auf ihr Handy und sagte »Oh.« Lächelnd wandte sie sich mir zu. »Meine Schwester hat mir geschrieben.« Sie tippte auf dem Touchscreen herum. »Ich soll dir sagen, dass du Gizelle eine Weile bei ihr lassen kannst. Sie wohnt in einem einstöckigen Haus mit einem kleinen Garten nach hinten raus. Sie würde liebend gern auf Gizelle aufpassen.« Rebeccas Schwester Caitlin hatte Gizelle schon ein paar Mal in New York gesehen und wünschte sich seither selbst einen Mastiff. Ich mochte Caitlin sehr. Das erste Mal, als ich sie traf, fühlte es sich an, als wäre sie auch meine ältere Schwester. Sie war so ruhig und mütterlich. Sie lebte mit ihrem Mann John in Kittery, Maine. Zuerst wollte ich das Angebot ablehnen. Ich wollte sagen: *Nicht nötig! Es ist okay! Alles gut! Wir kommen klar, wir brauchen keine Hilfe. Ich behalte Gizelle bei mir!* Aber das ging nicht. Ich *brauchte* Hilfe. Gizelle musste sich an einem Ort ohne Treppen aufhalten, und ich konnte nicht umziehen (das hatte ich schon in Erwägung gezogen). »Jeder braucht mal Hilfe«, erinnerte Rebecca mich.

»Bist du sicher, dass es ihnen nichts ausmachen würde?« Rebecca zuckte mit den Schultern. »Ich bezweifle es! Sie reden schon so lange davon, einen Hund in Pflege zu nehmen. Du kennst Caitlin. Sie und John sind die entspanntesten Leute, die es gibt. Du kannst ja gleich mal gucken, wie es aussieht. Sie arbeiten beide fünf Minuten von ihrem Haus entfernt und sind jeden Tag um drei zurück von der Arbeit.« Ich war erleichtert, überglücklich und traurig zugleich, aber eigentlich nicht besonders überrascht. Irgendwie schien Gizelle die Menschen immer auf irgendeine Art zu verzaubern, genau wie Rebecca immer einen Weg fand, die Dinge ins Lot zu bringen.

Gerade als ich glaubte, ich würde vor meinen Problemen davonlaufen, stellte sich heraus, dass genau diese Flucht alles in Ordnung bringen sollte. Zumindest fürs Erste.

Wir erreichten Kittery, ein schlichtes Städtchen am Wasser im Bundesstaat Maine. Eine Brücke verband die Stadt mit Portsmouth in New Hampshire. Kittery sah genauso aus, wie ich mir in der zweiten Klasse eine Kleinstadt ausgemalt hatte. Vor den Häusern standen Lattenzäune, und die Dächer ragten in perfekten Dreiecken in den Himmel. Während der Fahrt zeigten Rebecca und ich ständig irgendwohin: Darauf, wie die grauen Steine das Meer begrenzten, wie die gestreiften Leuchttürme sich vom strahlend blauen Himmel abhoben und wie das Meer zwischen hohen Bäumen hervorlugte. Als ich die Meeresluft roch, spürte ich, wie ich meine Schultern endlich sinken lassen konnte. Zum ersten Mal seit einer Ewigkeit atmete ich tief durch. Gizelle wirkte tiefenentspannt, mit einem riesigen, zufriedenen Grinsen im Gesicht. Als wir sie aus dem Auto hoben, ging sie geradewegs auf einen Grashaufen zu und rollte sich auf dem Rücken hin und her. Schmerzen schien sie keine zu haben.

In Kittery gab es ein paar Kneipen, ein Café namens Lil's, eine Metzgerei mit einem hundeverrückten Besitzer, der ganz begeistert war von Gizelle, eine bezaubernde Bücherei und das Meer. Caitlin und John wohnten in der Pleasant Street, und ihr Haus sah aus wie eine Blockhütte aus dunklem Holz mit waldgrünen Fensterläden. In ihrem umzäunten Garten wuchs ein Hibiskus mit pinkfarbenen Blüten. Als wir näher kamen, sah ich die Sukkulenten in den Fenstern und die Pflanzen mit langen Ranken, die von der Decke hingen. Caitlin und John empfingen uns in der Tür. Caitlin kam zu mir gerannt und drückte mich gerade so viel fester als üblich, dass ich den Eindruck gewann, sie verstand genau, was ich mit Gizelle durchmachte. John war ein entspannter Outdoor-Typ. In dem Moment, als er Gizelle sah, leuchteten seine Augen: »Na, was geht, GG?«, fragte er und lachte über ihre massige Erscheinung, völlig überwältigt von ihrer Größe, als sie träge mit dem Schwanz wedelnd auf ihn zu schlich.

John freundete sich schnell mit Gizelle an. Dafür, dass er so groß war, verhielt sie sich ihm gegenüber nicht einmal besonders scheu. Er beugte sich hinunter, um ihr die Ohren zu kraulen, und sie legte die Schnauze auf sein Knie. Als John und Caitlin uns durchs Haus führten, wurde mir eine Sache klar – die beiden wussten, wie man sich um Dinge kümmerte. Sie hatten Brot im Ofen und servierten es später mit selbstgemachter Marmelade. Der Geruch von Salbei wehte durchs Wohnzimmer, und ich hörte nichts als eine wunderbare Stille. Keine Sirenen, kein Geschrei, keine lauten, überfüllten Bürgersteige. Es war friedlich.

Gizelle kletterte aufs Sofa und machte es sich gemütlich, und wir gesellten uns zu ihr, streichelten ihr die Ohren und sagten ihr, sie sei der schönste Hund auf der ganzen Welt. Sie schlug mit dem Schwanz gegen die Sofakissen. Dann zeigten Caitlin und John uns all das frische Gemüse, das sie aus ihrer solidarischen Landwirtschaft hatten, und fragten, was Rebecca und ich essen wollten. »Bleib da, Gizelle«, sagte ich, weil ich wollte, dass sie sich ausruhte. Während unseres Geplappers in der Küche verschwand Gizelle, und ich machte mir plötzlich Sorgen – ich sollte doch darauf achten, dass sich nicht viel herumlief. Aber als wir nach ihr sahen, fanden wir sie im Schlafzimmer: Sie hatte es sich auf dem Bett bequem gemacht.

John und Caitlin störte das nicht. »Feines Mädchen!«, sagten sie. Dann kraulten sie ihr wieder die Ohren, gurrten und nannten sie GG. Es war die richtige Entscheidung. »Camp Kittery ist genau das, was ihr braucht«, versicherte mir Rebecca und griff nach meiner Hand, als sie sah, dass mir die Tränen kamen. »Wir können sie nächstes Wochenende besuchen, wenn du möchtest.«

Einige Tage später atmete ich tief durch und erklärte Caitlin und John, was sie alles zu beachten hatten: Gizelles Ängste, ihre Medikamente, ihr Futter. Und bat sie, dafür zu sorgen, dass Gizelle nicht viel herumlief, damit sie schneller wieder gesund wurde. Dann dankte ich ihnen noch einmal, umarmte Gizelle schnell und ging.

11
Die Entdeckung

UND DANN KAM ER. Der Anruf. *Der* Anruf. Gizelle war in Maine, bei Caitlin und John. An diesem Morgen war ich zu spät zu meinen Qualifizierungslauf für den Marathon gekommen, und als ich nach Hause zurückkehrte, hatte ich drei verpasste Anrufe und eine Nachricht auf der Mailbox. Ich stand in meinen Laufschuhen im Wohnzimmer und wählte die Nummer. Das Telefon klingelte zweimal.

»Hi, Lauren«, sagte Caitlin mit sanfter Stimme, als ich mich meldete.

Sie erklärte, dass sie bei einem Tierarzt in Portsmouth waren, für den sie die Hand ins Feuer legen würden, und dessen Karte sich seit ein paar Wochen in meinem Portemonnaie befand und mich jedes Mal anstarrte, wenn ich meine Metrokarte hervorholte.

»Gizelle hatte einen schwierigen Morgen«, fuhr sie fort. »Als sie aufwachte, hatte sich ihr Zustand so stark verschlechtert, dass wir sie zum Arzt bringen mussten. Wir konnten nicht mehr warten.« Ich nickte, dankte ihr für alles, und dann hatte ich den Tierarzt am Telefon.

»Hallo, Lauren, hier spricht Dr. Mathewson.« Auch seine Stimme war sanft, als er meinen Namen sagte.

»Hallo«, murmelte ich.

»Ich …« Er räusperte sich. »Ich bedaure sehr, was wir heute bei Gizelle entdeckt haben.« Ich blieb am Fenster stehen, von dem aus man den Hundeauslauf sehen konnte. Wie erstarrt sah ich auf die Hundeschar hinunter, die dort am Wochenende immer herumflitzte.

»Sie hat ein Osteosarkum, einen Tumor im Knochen.«
Das war es also.

»Es tut mir leid, dass Sie das Ergebnis auf diese Weise erfahren, aber niemand hätte es vorher herausfinden können. Bei großen Rassen dauert es manchmal länger, die Krankheit zu identifizieren.« Er schwieg, damit ich etwas sagen konnte, aber ich wusste nicht, was.

»Es tut mir leid, dass wir das entdeckt haben«, sagte er noch einmal. Ich hasste es, das Wort »entdecken« in Zusammenhang mit Krankheit zu hören. Eigentlich sollte es sich auf wunderbare Dinge beziehen wie einen verborgenen Schatz, einen Wasserfall im Wald, einen Tümpel, in dem man schwimmen konnte. Aber in diesem Fall bestand die »Entdeckung« wohl eher aus einem alten, vergrabenen Knochen. Es war der Krebs, der Gizelle humpeln ließ, der die ganze Zeit in ihr gewesen war, und dieser Tierarzt hatte ihn schließlich ans Licht geholt. Dr. Mathewson rief mir in Erinnerung, dass diese Krankheit »bei Hunden sehr großer Rassen nicht ungewöhnlich« war, und erklärte, der Krebs werde weiterwachsen wie zuvor auch schon. Die Krebszellen würden sich vermehren, Gizelles ganzen Körper befallen und sie schließlich umbringen. Das war das Ende meines sehr großen Hundes.

»Leider ist dies bei Hunden ein aggressiver Tumor, der viele Metastasen bildet.« Er seufzte. »Aber es gibt ein paar Dinge, die wir tun können.«

Man konnte Gizelles linken Hinterlauf amputieren, um den Herd zu entfernen. Danach würde man Gizelle einer intensiven Chemotherapie unterziehen. Vermutlich hatte der Krebs jedoch bereits Metastasen in der Lunge gebildet, so dass sie wahrscheinlich trotzdem nicht überleben würde. Und dass sie dabei starke Schmerzen hätte und dies nichts wäre, was er bei einem so großen Hund empfehlen würde.

Die andere Möglichkeit war eine palliative Therapie. Hierbei konzentriert man sich darauf, die Schmerzen zu reduzieren und mit monatlichen Ketamindosen, die Gizelle über einen Tropf zugeführt würden, den Knochenschwund zu verringern, gefolgt von einer höheren Dosis Schmerzmittel als bisher. Bei diesem Ansatz blieben ihr vielleicht ein paar Monate, aber das sei schwer vorherzusagen. Es konnten auch nur Wochen sein. Der Tierarzt sagte, ich würde wissen, wann »ihre Zeit gekommen« war.

Ich hatte gewusst, dass dieser Tag irgendwann kommen würde, unausweichlich war, aber es gab nichts, was mich darauf hätte vorbereiten können. Es war ein wenig, wie im Winter ins Meer zu springen: Man weiß, dass das Wasser kalt ist, aber nichts kann einem den Moment erleichtern, wenn der Kopf unter Wasser taucht und die See den Körper mit ihren eisigen Finger umfängt. Niemals hätte ich gedacht, dass diese schlechten Nachrichten so weh tun würden, dass sie mir den Atem rauben würden und dass sie sich anfühlten, als müsse ich selbst sterben. Ich setzte mich hin und schluchzte.

Ich weiß nicht, wie lange ich dasaß und weinte. Ich hasste es, nicht bei ihr zu sein, und fand es unerträglich, dass meine ständige Gefährtin, meine Gizelle, Schmerzen hatte und im Sterben lag. Ich war sauer auf die Tierärzte: Wie konnten sie es wagen, mir Hoffnung zu machen, es könne ein Bänderriss sein! Und ich war sauer auf mich selbst, dass ich mir Hoffnung gemacht hatte. Aber das änderte nichts am Ergebnis. Dann wollte ich mir selbst die Schuld geben, fragte mich, ob ich alles in meiner Macht Stehende für Gizelle getan hatte. Dr. Mathewson sagte, selbst wenn ich sie früher darauf hätte untersuchen lassen, wäre der Tumor vielleicht noch gar nicht erkennbar gewesen. Der Tierarzt wiederholte, wie leid es ihm tue. Dann beschrieb er Gizelle als stoisch, aber das war ja nichts Neues. Fast war ich deswegen auch ein wenig verbittert. Wie viel Schmerzen hatte mein tapferes Mädchen in den vergangenen drei Monaten ertragen, ohne zu klagen?

Aber natürlich war ich nicht wirklich wütend auf sie. Und nun wurde ich hektisch, griff nach dem Laptop und suchte nach der erstbesten Möglichkeit, aus Manhattan wegzukommen. Mit dem Bus von Port Authority? Mit einem Mietwagen? Vielleicht mit dem Zug nach Boston und von da aus weiter mit dem Mietwagen? Ich sah auf die Uhr in der rechten Ecke des Bildschirms, und mit jeder Minute, die verging, wurde ich nervöser. 12:30. 12:31. 12:32. Tränen fielen auf die Tastatur. Mit jeder Sekunde blieb Gizelle weniger Zeit auf Erden.

Dann kam ein Anruf. Mein Vater wollte wissen, wie der Lauf gewesen war. Durch meinen Tränenschleier konnte ich kaum den Bildschirm sehen, und meine Erklärung war genauso durcheinander wie ich.

»Beruhige dich, Kumpel«, sagte er liebevoll.

Aber ich konnte mich nicht beruhigen. Ich hatte keine Zeit mehr.

»Nein. Ich muss wirklich sofort zu Gizelle. Und ich hab das doofe Rennen verpasst. Ich miete ein Auto oder so.« Ich wischte mir die Nase ab. »Sie braucht mich.«

»Das mit Gizelle tut mir leid. Ich verstehe, dass du sofort los willst, um sie zu sehen. Aber Fernie, *Gizelle* hat nicht gerade erst herausgefunden, dass sie Krebs hat. Weißt du, was ich meine? Für sie ist es nichts Neues. Gizelle weiß genauso viel oder wenig wie gestern. Sie ist ein Hund. Sie hatte die ganze Zeit Krebs. Vielleicht weiß sie es schon eine ganze Weile, meinst du nicht? Wir haben ja irgendwie auch damit gerechnet. Du selbst hast zu mir gesagt, es könne etwas Schlimmes sein.« Ich versuchte tief durchzuatmen, aber ich konnte nicht. Wieder weinte ich heftig. Dad schlug vor, ich solle ein paar andere Tierärzte anrufen, um eine zweite Meinung zu den nächsten Schritten zu bekommen. Ich hatte *Zeit*, mir einen *Plan* zu überlegen. Ich *musste* nicht auf der Stelle in ein Mietauto springen. Er bot an, sich in Nashville um Gizelle zu kümmern, wenn ich das wollte.

Dann rief ich Conner an, um ihm die schlechte Nachricht zu überbringen. Er war wegen der Arbeit nicht in der Stadt, sondern in Disney World. »Wir haben Testergebnisse. Gizelle hat Krebs und stirbt!«, schluchzte ich ins Telefon. Er konnte mich nicht gut verstehen, weil er gerade auf dem Weg ins Magic Kingdom war. Ich weiß noch, dass es mich besonders traurig machte, dass er am »zauberhaftesten Ort der Welt« war, und ich am allerbedrückendsten. »O Scheiße, das tut mir so leid, Lauren. Bist du okay? Fährst du zu ihr? Die arme Gizelle«, sagte er.

»Ich versuche es. Ich überlege mir was. Ich weiß nicht, was ich tun soll.«

»Ruf deine Chefin an. Sie wird es verstehen. Sie liebt Gizelle. Fahr zu Gizelle, dort wirst du dich besser fühlen.« Verzweifelt wünschte ich mir, er wäre bei mir. »Sagst du ihr, dass sie für mich der beste Hund der Welt ist?« Ich versprach es.

Ich legte auf und saß matt auf dem dunklen Holzboden. Unter dem Sofa befanden sich immer noch Knäuel von Hundehaaren. Ich wusste, dass mein Vater recht hatte, was das Ruhigerwerden anging, und dass ich auch an meine Arbeit denken musste. Wenn ich den Job verlor, ging es Gizelle nicht besser. Aber auch Conner hatte recht: Ich sollte meine Chefin anrufen und zu Gizelle fahren. Am Handy erzählte ich ihr von den schlechten Nachrichten. Sie sagte, ich solle das tun, was ich in dieser Situation für notwendig hielt. (Gott sei Dank liebte sie unseren Bürohund.) Montagmorgen ging ich zur Arbeit, um ein paar Dinge zu regeln. Aber ich saß wie betäubt am Schreibtisch, Tränen tropften auf die Tastatur und meine Kollegen starrten mich an. Also packte ich meine Sachen, schickte meiner Chefin eine E-Mail, dass ich es hier nicht mehr aushielt, und stieg in den nächsten Bus nach Portsmouth. Ich musste zu Gizelle. Ich musste zu ihr, um sie ans Meer zu bringen. Schließlich hatte sie noch nicht gesehen, wie die Wellen am Strand brachen.

Abgesehen vom Fahrer war ich der einzige Mensch in diesem Nachmittagsbus. Das war gut, denn ich weinte fast den ganzen Weg, während im Busfernsehen lautstark *Die Goonies* liefen. *Du hast fünf Stunden Busfahrt, um zu weinen*, sagte ich mir, um gleich darauf zu beschließen, dass fünf Stunden zu lang waren und ich sofort aufhören müsse. Ich schloss die Augen und lehnte den Kopf ans Fenster. Als ich sie wieder öffnete und hinaussah auf die vorbeirauschenden Bäume, auf die Küstenstädte am Wasser, musste ich an all die Male denken, die ich mit Gizelle gejoggt war. Im Winter am East River entlang, im Herbst durch den Central Park, abends in der Nähe der Bibliothek auf dem Campus, als ich noch studierte und mir das Leben »hart« vorkam. Was wusste ich damals schon.

Nun war ich mit den Tatsachen konfrontiert. Das war's. Das Ende unserer gemeinsamen Laufstrecke. Sie würde nie wieder rennen. Ungläubig schüttelte ich den Kopf und starrte aus dem Fenster. Ich musste irgendeinen Weg finden, weiterhin einen Fuß vor den anderen zu setzen. Also tat ich das Einzige, was meinem fünfundzwanzig Jahre alten Ich einfiel: Ich holte einen Stift hervor, blätterte zu der Seite mit Gizelles Wunschliste vor und schrieb.

———

In meinem grünen Dufflecoat und mit meinem Rucksack stand ich am Busbahnhof in Portsmouth und wartete auf mein Mietauto, einen knallroten kleinen Nissan. »Ist der okay?«, fragte der süße Typ im schwarzen Anzug. Prüfend betrachtete ich die Rückbank.

»Er ist etwas kleiner«, erklärte er, »aber wahrscheinlich benötigen Sie nicht übermäßig viel Platz.«

Ich erwähnte meinen Mastiff nicht. Aber er hatte recht, Gizelle und ich hatten nie übermäßig viel Platz gebraucht.

»Ja, der ist in Ordnung«, sagte ich, nahm den Schlüssel entgegen und fuhr vom Parkplatz. Nach Kittery waren es zehn Minuten Fahrt. Ich parkte auf der Straße vor dem Haus von Caitlin und John. Sie hatten gesagt, sie seien bei der Arbeit.

»Gizelle!«, rief ich, noch bevor ich die Haustür erreicht hatte. In der Pleasant Street war es so still, dass ich schon von draußen hörte, wie ihr Schwanz beim Wedeln auf den Boden schlug. Ich holte den Schlüssel unter der Fußmatte hervor und stieß die Haustür auf. Gizelle lag auf ihrem Bett im Wohnzimmer, das Caitlin und John ihr aus einem Stapel Schaumstoffmatratzen und ihrer roten Lieblingsfleecedecke aufgebaut hatten (die beiden sind so toll). Gizelle erhob sich langsam, und ich rannte zu ihr, bevor sie aufstehen konnte, kniete mich hin und schlang die Arme um ihren kräftigen Nacken. »Ich bin hier, Gizelle!« Dann, etwas ruhiger: »Ich bin hier. Hallo, mein Mädchen, hallo.« Sie legte mir die Vorderpfoten auf die Brust, schubste mich zu Boden und leckte mir mit ihrer langen, rauen Zunge das Gesicht ab. Ich setzte mich auf und betrachtete sie. Ich war davon ausgegangen, dass sie anders aussehen würde, krank, sterbenskrank. Aber so war es nicht. Sie wedelte mit dem Schwanz und knabberte an meiner Nase und sah aus wie immer. Mir kamen schon wieder die Tränen, obwohl ich mir geschworen hatte, dass das nicht passieren würde. Ich umarmte Gizelle noch einmal. Sie legte ihren Kopf auf meinen, und ich verbarg mein Gesicht in ihrem Fell. Ich wollte sie nicht loslassen. Irgendwann würde ich sie gehen lassen müssen, aber nicht heute. Heute hatten wir noch etwas vor.

TEIL II
Die Wunschliste

12
Auf dem Steg

Auf Gizelles Liste standen einige Punkte, die wir noch nicht abgehakt hatten, aber als Erstes wollte ich an diesem Tag mit ihr an den Strand. Das hatte ich mir schon immer gewünscht. Ich stellte mir vor, es könne ihr gefallen, sich angesichts dieses riesigen Gewässers klein vorzukommen. Außerdem fahren am Meer keine unheimlichen Busse. Dort gibt es nur Sonne, Sand, türkisfarbenes Wasser und Wellen. *Wellen.*

An einem Ort namens Fort Foster Park gab es einen hundefreundlichen Strand. Mit der Sorgfalt einer neurotischen Helikopter-Mutter packte ich eine Strandtasche für Gizelle. Ihr Wassernapf, eine extra Wasserflasche, ein Strandtuch. Glukosamin, Gabapentin, Rimadyl, Tramadol. Ich steckte Huhn aus der Metzgerei, ihren Hundeknochen und das rote Seilspielzeug ein. Dann packte ich meine Ausrüstung: Kamera, Tagebuch, Sandwich.

Ich parkte so nah wie möglich am Strand und schleppte dann alles im Schneckentempo über den Parkplatz. Ich wollte nicht zu schnell gehen, damit Gizelle nicht das Gefühl bekam, sie müsse mit mir Schritt halten. Sie hinkte heute nur leicht, aber die Tierärztin hatte gesagt, es sei wichtig, auf beide Hinterbeine achtzugeben. Das vom Krebs befallene würde immer schwächer werden, und wenn sie sich am rechten verletzte, weil sie das linke nicht belasten wollte, wäre dies ihr Ende.

Wir liefen ungefähr zehn Meter bis zu einem ruhigen Streifen Sand zwischen ein paar Felsen. Dort ließ ich das ganze Zeug fallen. Fort Foster Park war traumhaft. Ein alter, heruntergekommener Leuchtturm stand in der Ferne vor uns, schwarze Felsen lagen auf dem Sand verstreut, es waren wenige Menschen unterwegs, und an der Stelle, wo Meer und Himmel sich trafen, war eine schöne blaue Linie zu sehen. Ich zeigte dorthin. »Guck mal, Gizelle! Was ist das? Das Meer! Siehst du das Meer?«

Ich ging hinunter zum Wasser, während Gizelle mich aus einigen Metern Entfernung von unserem kleinen Lager aus beobachtete. »Komm her, Gizelle! Komm, mein Mädchen!«, rief ich und hielt meine Finger ins Wasser. Es war ruhig und nicht besonders kalt. Gizelle sah mich einen Augenblick an, lief dann auf mich zu, blieb stehen, reckte die Nase in die Luft und näherte sich schließlich der Gischt. »Komm, Mädchen! Du schaffst das!«, ermunterte ich sie. Langsam senkte sie den Kopf, um das Wasser zu begutachten. Sie hatte den Schwanz noch eingeklemmt und fragte sich wahrscheinlich, was diese riesige Badewanne hier sollte und weshalb sie sich bewegte. Sie kroch näher, aber als die erste (winzige) Welle sich sanft über den Sand ergoss und dabei Gizelles Vorderpfoten gerade eben berührte, riss sie die Augen auf und duckte sich angstvoll weg, als wäre es ein Tsunami. Ich schüttelte den Kopf. *Typisch Gizelle.* Als die Welle sich zurückgezogen hatte, probierte sie es erneut. Sprang wieder zurück. Kam näher. Sprang zurück. Kam näher. Beim vierten Versuch sah sie mich an. »Na los, Gizelle!« Ich klatschte in die Hände. »Trau dich!« Sie ging weiter ins Wasser, in die Miniwellen, ins Meer. Ich streckte die Hände aus und klatschte ermutigend, obwohl mir das Wasser kaum bis zu den Knien reichte und Gizelle nicht einmal am Bauch kitzelte. »Super, Mädchen! Sehr gut!«, jubelte ich ihr zu, als sie hechelnd und lächelnd da stand und dann versuchte, das salzige Wasser zu trinken.

Wir standen ein paar Minuten am Meer und bewunderten das Glitzern, das die Sonne auf dem Wasser erzeugte. Ich fragte mich, ob Gizelle sich wohl tatsächlich klein fühlte. Ich tat es, aber vor allem fühlte ich mich frei von meinen Sorgen. Im Augenblick musste ich mich um nichts kümmern. Und trotz der schrecklichen Umstände, die uns hierhergebracht hatten, war ich nun einfach nur mitten in der Woche mit meiner Freundin am Strand und bohrte die Zehen in den nassen Sand.

Als wir zu unserem kleinen Lager zurückkehrten, schüttelte Gizelle sich trocken. Im Sand sitzend aß ich mein Sandwich und gab Gizelle ihre Medizin in ein Stückchen Fleisch eingewickelt. Mit Muscheln legte ich ihren Namen. Wir hielten ein Nickerchen. Nach etwa einer Stunde gingen wir zurück zum Auto, und ich hob Gizelle vorsichtig auf den Rücksitz, legte meine Arme so selbstverständlich um ihre Hüfte, als wäre das unser übliches Vorgehen, damit sie sich nicht unwohl fühlte. *Eins, zwei, drei, hopp!*, dachte ich, als ich sie ins Auto hievte und sie wie immer nur knapp auf den Sitz bugsiert bekam. Ich stieg vorne ein, übersät mit Hundehaaren. Meine Haut war salzig und mein Haar voller Sand. Ich nahm mein Tagebuch und schaute mir die Liste an. »An den Strand gehen«. Mit einem Gefühl von Zufriedenheit und Erfüllung strich ich diesen Punkt durch. Ich hatte gerade etwas mit meiner besten Freundin unternommen, das ich schon immer machen wollte, und anscheinend hatte es ihr gefallen.

Unsere Abenteuer gingen weiter. In der nächsten Woche erkundeten Gizelle und ich Maine. Wir fanden die besten Hummerbrötchen (The Clam Shack in Kennebunk), die besten Donuts der Welt (Congdon's Doughnuts in Wells Beach), fuhren über gewundene Straßen mit Meeresblick, entdeckten Antiquitätenläden, in denen wir versuchten, nichts umzuwerfen (Gizelle) und uns nicht von »Sammlerstücken« verführen zu lassen (ich). Wir trafen auf Ziegen und Hühner, verirrten uns absichtlich, saßen in einem Garten und beobachteten Schmetterlinge. Ich fügte Gizelles Liste immer neue Punkte hinzu und gab mir Mühe, mir Aktivitäten auszudenken, bei denen sie nicht laufen musste. Das half, mich von dem Schmerz abzulenken, sie irgendwann gehen lassen zu müssen.

Als wir zurück nach Kittery fuhren, ertappte ich mich dabei, wie ich Gizelle im Rückspiegel beobachtete. Sie lag ausgestreckt auf der Rückbank, die Schnauze auf dem Fenstervorsprung, und beobachtete seelenruhig die vorüberziehende Landschaft. Ich grübelte unaufhörlich darüber nach, wie viel Zeit ihr wohl noch blieb. Eine Woche? Ein Monat? Was, wenn sie Schmerzen hatte, die sie mir nicht vermitteln konnte? Und woher würde ich wissen, wann es Zeit war, sie gehen zu lassen? Sie bekam viele Schmerzmittel und erhielt ihr Ketamin, aber ging es ihr gut? In meinem Kopf jagte eine Unsicherheit die nächste. Nur eine schreckliche Gewissheit hatte ich: Ich würde sie verlieren.

Der Himmel wurde grau, und Wind kam auf, und ich konnte meine düsteren Gedanken nicht stoppen. Sie wuchsen sich zu einer Angst aus vor allem, was noch nicht geschehen war und vielleicht auch nie eintreten würde. *Was, wenn Gizelle sich das gesunde Bein bricht? Was macht Mom? Was, wenn sie betrunken Auto fährt und jemanden verletzt? Was, wenn meine Chefin in Wirklichkeit sauer ist, weil ich nicht bei der Arbeit bin – obwohl sie gesagt hatte, das sei in Ordnung? Was, wenn Gizelle morgen stirbt? Ich schreibe Gizelle eine Liste mit letzten Abenteuern, damit sie »im Hier und Jetzt lebt«, aber tut sie das nicht bereits? Das ist bescheuert. Ich bin bescheuert.*

Ich fuhr weiter und kämpfte gegen ein zunehmendes Gefühl der Beklemmung an, als ein Schild an einem alten Haus meine Aufmerksamkeit erregte. FRISBEE'S 1828 MARKET, AMERIKAS ÄLTESTER GEMISCHTWARENLADEN. Ich wendete. Ein Punkt auf Gizelles Liste lautete: Eis essen. Vielleicht ein guter Zeitpunkt für eine Pause? Ich ging hinein und holte einen großen Becher Eis. Draußen stand ich unter dem Ladenschild und überlegte, wo Gizelle ihr Ben & Jerry's mit Vanillegeschmack genießen könnte, da fiel mir ein Anleger hinter dem Laden auf. Etwas Sonne schien darauf und tauchte das Holz in eine warme, goldene Farbe. Ich stieg wieder ins Auto und fuhr uns einen kleinen Hang hinunter auf den Park-platz, zwanzig Meter vielleicht, aber Gizelle sollte nicht gehen müssen. Dann half ich ihr langsam aus dem Auto. Salzig und warm wehte der Wind vom Meer herüber.

Kleine Fischerboote schaukelten gegen den Steg, und Vögel flogen über das Wasser auf den Horizont zu, als ich die Holz-bretter betrat. Es war ruhig. Gizelles Fußnägel klickten hinter mir auf dem Holz, sie zog den linken Hinterlauf leicht nach, wodurch ihr üblicher Trott einen etwas anderen Rhythmus bekam. Aber sie hielt den Schwanz nach wie vor hoch wie eine Wetterfahne und schien guter Dinge zu sein. Obwohl es nur ein kleiner Anleger hinter Amerikas ältestem Gemischtwaren-laden war, fühlte es sich an, als hätten wir eine andere Welt be-treten. Dieser Ort hatte etwas Magisches, so dass ich beinahe glaubte, flüstern zu müssen.

Ich setzte mich auf den Steg, und Gizelle ließ sich neben mir nieder wie eine Sphinx. Erwartungsvoll hob sie den Kopf, als ich den Plastikdeckel abzog. Während ich den ersten Löffel nahm, sah ich Gizelle an, die jede meiner Bewegungen mit Argusaugen verfolgte. Ich schwenkte den Becher vor ihr hin und her, und sie drehte den Kopf im Takt und leckte sich die Lefzen. »Na, Mädchen, willst du das haaaaaben?«

Aufgeregt schlug sie einmal mit dem Schwanz auf den Steg.

Während ich den Eisbecher in der Hand hielt, sah ich Gi-zelle an. Ich dachte darüber nach, wie schwer meine Sorgen sich anfühlten. Und wie leicht und einfach dieser Moment war.

Was nützten mir die Sorgen in diesem Moment? Sie hielten mich nur davon ab, den Augenblick mit Gizelle zu genießen. Also bat ich sie höflich, mich für eine Weile in Ruhe zu lassen, während ich die wertvolle Zeit mit meinem Hund genoss. Ich lachte, vergoss ein paar Freudentränen und beobachtete die vorbeifahrenden Hummerboote, während Gizelle ihr Eis schlabberte. Und es war nicht so, als hätte mein Kopf umgeschaltet auf irgendeine euphorisierende, lebensverändernde yogische Ruhe, aber für zwanzig Minuten war ich nicht in düstere Gedanken versunken, sondern befand mich tatsächlich im Hier und Jetzt.

Ich legte Gizelle den Becher zwischen die Pfoten, und sie tauchte langsam ihre lange Zunge hinein, manövrierte ihre Schnauze so, dass sie an das Eis in dem hin und her rollenden Becher gelangte. Eine Weile überließ ich ihr das Ben & Jerrys und machte ein paar Fotos, dann hielt ich den Becher für sie fest. Nun hatten Gizelle und ich einen geheimen Ort an der Küste von Maine hinter Amerikas ältestem Gemischtwarenladen. Ich steckte den Plastiklöffel in den Becher und schmierte ihr etwas Eiscreme über die Nase. Als sie das Eis abschleckte, lachte ich: »Schön, Gizelle«.

13
Wunschliste für einen Hund

VIELLEICHT WAR ES albern, eine Wunschliste mit letzten Dingen für einen Hund zu schreiben. Vielleicht gab es gar nichts, was Gizelle unbedingt noch erleben wollte, bevor sie starb. Vielleicht sollte sie besser kein Eis essen. Ein wütender Typ hat einmal zu mir gesagt, eine Wunschliste für einen Hund sei egoistisch. »Dabei geht es nur um Sie!«, rief er. »Diese Liste dient nicht dem Hund, sondern dem Menschen!«

Womöglich hatte er recht. Ich musste sofort an die Hundekekse von Trader Joe's denken, die ich Gizelle immer kaufte. Sie waren wie Autos, Schuhe, Hydranten und Eichhörnchen geformt (»Dinge, die Hunde lieben«), und jeden Tag sah ich Gizelle an und fragte sie: »Was willst du heute? Das Sofa? Oder das Eichhörnchen?« Irgendwann kam es mir albern vor. Gizelle hatte nicht die leiseste Ahnung, was die Kekse darstellten. Der Hundekeks in Eichhörnchenform war in Wirklichkeit für mich gemacht. Nicht für Gizelle. Vielleicht ging es tatsächlich immer um den Menschen (und der Hund macht bloß sehr bereitwillig mit.) Ich *wusste*, dass Gizelle keine solche Liste schreiben konnte. Gizelle war ein Hund. Hunde können nicht schreiben!

Aber manchmal stellte ich mir das vor. Ich redete mir gern ein, wenn ich sagen würde: »Hey, Gizelle! Schreib deine eigene Liste, ja, mein Mädchen? Schreib alles auf, was du im Leben noch machen willst«, hätte sie Hemmungen. Sie war noch nie ein Alphatier gewesen. Sie folgte mir überallhin und schien immer alles machen zu wollen, was ich tat. Gizelle würde mir wahrscheinlich noch über die Schulter gucken, um meine Liste abzuschreiben.

Und wenn dies der Fall war, stand als Nächstes eine Bootsfahrt auf dem Plan.

Eine Bootsfahrt mit Gizelle hatte ich mir schon lange gewünscht – vielleicht, weil wir immer mit Vorliebe die Bötchenfahrer im Central Park beobachtet hatten oder weil meine Mom mir immer erzählt hatte, Meerjungfrauen gebe es wirklich (und ich diese peinliche Leidenschaft für *Die kleine Meerjungfrau* hatte – als ich noch viel, viel kleiner war, natürlich.) Zuerst dachte ich an Dinge wie: Eine hundefreundliche Kreuzfahrt durch die Tropen? Oder konnten wir uns wohl auf eine der glänzenden weißen Yachten in Battery Park City mogeln? Aber je länger ich darüber nachdachte ... Es war *Gizelles* Liste. Eine Kreuzfahrt war zu anstrengend für einen kranken Hund, und die lauten Schiffshörner sind furchterregender als jeder hupende Bus in New York. Außerdem konnte Gizelle bei den Landgängen nicht viel herumlaufen. Zeit, ihre Seetüchtigkeit zu testen.

Conner und ich verbrachten ein Wochenende mit Gizelle in Moultonborough, New Hampshire. Wir mieteten ein windschiefes altes Haus mit Hähnen im Vorgarten und einem Weiher dahinter. Barfuß standen wir im Gras, die Sommersonne schien heiß auf uns herunter, und wir wollten es uns gerade am Ufer bequem machen, als ich es sah: ein großes Plastikboot im Schatten der überhängenden Bäume.

Sofort stellte ich mir vor, wie wir drei im Boot über den Teich glitten, während Conner paddelte. Gizelle liebte Autofahren, wieso nicht auch den leichten Windhauch beim Paddeln? Außerdem war es furchtbar traurig, dass sie nicht mehr rennen konnte. Im Boot konnte sie wieder ein Gefühl von Bewegung bekommen, neue Blickwinkel und Gerüche, ohne ihre Beine bewegen zu müssen.

»Conner. Wir müssen Gizelle in das Boot bekommen.«

Conner sah von seinem iPhone auf und blickte zuerst mich an, dann Gizelle, die neben mir stand, das linke Hinterbein angewinkelt, um es auf keinen Fall zu belasten.

»Gestern hatte sie Angst vor dem Grill. Glaubst du wirklich, sie möchte mit dem Boot fahren?«

»Wenn wir reinsteigen, will sie es auch.«

Wir gingen langsam durch den Garten, und Gizelle humpelte zwischen uns. Als wir näher kamen, sahen wir, dass das Boot im Matsch versunken, von Spinnweben überzogen und von einem Haufen sechs- und achtbeiniger Kreaturen bevölkert war, und dass schlammiges Brackwasser darin stand.

»Bist du sicher, dass *wir* das wollen?«, murmelte Conner. Ich nickte und erklärte halb im Scherz, es sei für Gizelles Wunschliste, die ich neuerdings führte, aber eigentlich meinte ich es ernst.

»Na klar, die *Liste*«, sagte er und wandte sich Gizelle zu. »Also, wenn es dafür ist, Gizelle …« Er lächelte.

Conner setzte seinen Rucksack am Steg ab und stakste ins Wasser. Er trug kein Hemd, und sein Haar war verwuschelt, ganz anders als in der Stadt. Er ließ sich sogar einen Bart stehen. Der Look gefiel mir. Braungebrannt und etwas abgerissen stand er im Schlamm des Tümpels. Ich beobachtete Conner, wie er das Boot aus dem Matsch zog und über den Kopf hob, um das trübe Wasser hinauslaufen zu lassen. Gizelle beobachtete ihn ebenfalls und duckte sich ein wenig, als er es anhob. Mit einer schmutzigen alten Rettungsweste wedelte er ein paar Spinnenweben und Insekten weg. Dann zog Conner das Boot ins Wasser, wo er es mit beiden Armen festhielt.

»Spring du zuerst rein, Lauren, und ruf Gizelle. Dann hebe ich sie hinein«, dirigierte er uns.

Ich setzte einen Fuß ins Boot, griff nach der Rettungsweste

(als Kissen für Gizelle) und ermunterte Gizelle, mir zu folgen, klatschte über dem Boot in die Hände. »Hopp, Mädchen!«

Sie schnüffelte am Rand des Bootes und sah mich verwirrt an.

»Na loooos«, sagte ich beruhigend. Zuerst zögerte sie, aber dann hob sie eine Vorderpfote.

»Sehr gut, Mädchen! Weiter.« Ich hielt das Boot fest, während Conner Gizelles empfindliches Hinterteil umarmte, um sie vorsichtig hineinzuheben. Sie machte es sich sofort bequem, rollte sich zu einem etwas angespannten Ball auf meinen Füßen zusammen. Als Nächstes kletterte Conner hinein und schnappte sich das Paddel und seinen Rucksack. Anfangs blieben wir in der Nähe des Stegs, falls Gizelle es gar nicht mochte. Conner und ich saßen uns gegenüber, Gizelle lag zwischen uns, mit dem Kopf zu mir. Conner und ich sahen uns an, dann Gizelle, als würden wir beide darauf warten, dass sie ihre Meinung zu unserer Bootstour kundtat – als könnte sie wirklich etwas dazu sagen.

Während wir langsam über den Teich paddelten, hob Gizelle den Kopf und betrachtete mit aufgestellten Ohren und konzentriertem Blick den Horizont. Ich beobachtete genau, ob sie sich wohl fühlte, und als sie das Maul öffnete und hechelte, so dass ich ihre Zähne sehen konnte und ihre Lefzen wie zu einem Lächeln hochgezogen waren, wusste ich, dass es ihr gutging. Also paddelten wir weiter, fuhren mit ihr am Rand des Weihers entlang, hielten Ausschau nach Bibern und anderen Wildtieren, lauschten den Vögeln und beobachteten ein paar Stockenten, die neben uns herschwammen. Wir glitten durch Seerosen.

Siehst du, es ist genau wie die Szene aus »Wie ein einziger Tag«, hörte ich Gizelle in meiner Vorstellung sagen, als sie den Kopf auf den Rand des Bootes legte, während sie eine leichte Brise an den Lefzen kitzelte.

»Es gefällt ihr!«, platzte es aus mir heraus, als wir zurück in die Mitte des Teichs lenkten, wo wir die Paddel einholten und uns einfach treiben ließen.

Ich schloss die Augen, streckte die Beine aus und bog den Kopf zurück, um mir die warme Spätnachmittagssonne ins Gesicht scheinen zu lassen. Conner öffnete zwei Biere aus seinem Rucksack. Es war still, eine Stille, die in New York nirgends zu finden war, nicht einmal nachts im Central Park.

Gizelle legte den Kopf auf meinem Oberschenkel ab und schaute mich an. Ich ließ meine Hand hinter ihren Ohren ruhen, an der seidigsten Stelle, und streichelte sie sanft. Jeder Muskel in mir fühlte sich ruhig an, als wäre ich innerlich aus Butter. Wir glitten eine Weile dahin, als …

KLATSCH! Conner schlug mit dem Paddel auf die Bootswand.

BUMM! Wieder schlug er zu und fluchte unterdrückt.

»Was *machst* du da?!«, japste ich, während Gizelle sich an mich presste, mit ihren Krallen auf dem Plastik herumkratzte und bei dem Versuch aufzustehen das Boot zum Schaukeln brachte.

»Spinne!«, rief Conner und hob abwechselnd die Füße, um auf das Boot einzuschlagen. »Verdammt! Daneben! Shit! Schon wieder!«

Gizelle scharrte immer noch über das Plastik, jetzt von mir fort, als wolle sie aufstehen und über Bord springen. Wir schaukelten heftig von einer Seite zur anderen und verursachten Wellen in dem vorher ruhigen Weiher. Wasser schwappte über den Rand ins Boot. Bier lief aus.

»Hör auf! «, brüllte ich und hielt Gizelle fest. Einen Mastiff über Bord konnten wir jetzt nicht gebrauchen. »Schwimmen« stand nicht auf Gizelles Liste. Und »einen hinkenden Mastiff aus einem Tümpel retten« stand nicht auf meiner.

»Du erschreckst Gizelle!«, rief ich. »Du machst ihr Angst –
oh! Oh! OOOOOH! SPINNE! Spinne, Spinne, Spinne. Schei-
ße, ist die groß! O Gott. Sie ist auf Gizelle! Sie ist *auf* Gizelle.«

Die Spinne hatte einen fetten Körper von der Größe einer
Walnuss, und sie war behaart. Sie krabbelte über Gizelles
Rücken. Dann sprang sie. Ich griff nach der Rettungsweste.
»Scheiße! Scheiße! Scheiße!« Wie von Sinnen bearbeitete ich
Gizelle mit leichten Hieben, wollte die Spinne wegfegen.

»Es tut mir leid, Mädchen! Sorry, sorry!«, rief ich und schlug
ein letztes Mal zu. Damit endete das Leben der Spinne an der
Bootswand. Conner lockerte seinen Griff und wischte sich Bier
vom Schoß. Ich atmete aus. Gizelle sah sich um. Dann legte sie
sich hin und entspannte recht schnell wieder, hechelte und lächelte, als wäre alles in bester Ordnung. Ich legte die Rettungsweste weg. Die Spinnenbeine klebten an der Bootswand. Ich
fühlte mich schlecht. »Vielleicht war das genug Bootfahren für
Gizelles Liste«, sagte Conner. Ich nickte. Ich konnte den Blick
nicht von der Spinne wenden. Hoffentlich stand Bootfahren
mit einem Mastiff auf ihrer Wunschliste.

Einige Wochen später waren Rebecca und ich erneut nach
Kittery gefahren, auf zu neuen Abenteuern von Gizelles Liste.
Sogar Rebeccas Eltern waren aus Stow gekommen.

Ich schlenderte durch die Metzgerei und wählte einen glänzenden Batzen Rindfleisch – eine schön marmorierte Scheibe
grasgefüttertes Ribeye mit einer herrlichen Speckschwarte.
Die Frau hinter der Fleischtheke, die Gizelles Vorlieben inzwischen kannte, sagte, mit diesem »himmlischen Pfund Fleisch«
könne ich nichts falsch machen. Ich hoffte, dass sie recht behalten würde, denn meine Kochkünste reichten nicht über
das Hinzufügen von Itso Scharfer Sauce zu den asiatischen
Take-away-Nudeln oder Quinoa mit dem Teekessel zu kochen

200

hinaus. Das Publikum versammelte sich in der Küche, als ich das rohe Fleisch aus dem weißen Papier wickelte und Gizelle erzählte, dass dies alles für sie war – nicht, dass ich mir ernsthaft Sorgen machte, irgendjemand sonst würde sich um mein erstes Ribeye-Steak streiten.

Ich zündete den Herd an. Er machte ein paar beängstigende Klickgeräusche, bevor die Flamme plötzlich anging. Ich warf ein Stückchen Butter in die gusseiserne Pfanne und legte das Fleisch hinein. *Sssss!* Das Steak brutzelte. Ich wendete das Fleisch ungefähr alle fünfzehn Sekunden wie einen Pfannkuchen. Mein erstes Ribeye sah aus irgendeinem Grund eher aus wie ein Fastfood-Hamburger-Patty als wie die schönen Steaks mit dem knusprigen Argylemuster, die mein Dad damals in Tennessee immer zubereitet hatte. Der Geruch nach versengtem Fleisch und Fett zog durch die Küche, während Gizelle unverwandt dasaß, an mein Bein gelehnt, die Schnauze auf der Arbeitsplatte, die Ohren aufgestellt und den Blick fest auf das Fleisch gerichtet – nur für den Fall, dass es aus der Pfanne springen wollte.

»Gleich ist es so weit, Mädchen«, sagte ich und tätschelte ihr den Kopf. Dann stellte ich den Herd aus und drückte einen Finger ins Fleisch. Es schien genau richtig zu sein. Außen war es braun, und durch die Risse schimmerte es rosa. »Medium rare okay?«, fragte ich. Sie wandte den Blick nicht ab. Ja, medium rare war in Ordnung.

Ich ließ den Pfannenheber unter das Fleisch gleiten und schob es auf einen Teller. Rebecca lehnte ihr Kinn auf meine Schulter und besah sich mein »Meisterwerk«. Sie starrte es eine Sekunde lang an, und als ich sie ansah, kicherten wir.

»Gizelle. Sie hat sich wirklich Mühe mit diesem Steak gegeben. Klar?«, sagte sie und tätschelte Gizelles Kopf.

»Ja, Gizelle, das ist kein Steak aus dem Steakhaus, keines von

Conners Sterneköche-Resteessen, auch keines von Dad, aber ich habe es extra für dich gebraten.« Ich ging in den Garten; Gizelle und der Rest unserer neuen Familie folgten mir.

Barfuß stand ich auf dem Rasen, den Teller wie ein Tablett vor mir, als mir einfiel, dass wir nicht entschieden hatten, ob wir das Fleisch kleinschneiden und Gizelle in Häppchen füttern oder es ihr im Ganzen geben sollten. Wir überlegten hin und her, aber dann stellten wir uns vor, wie Gizelle den Brocken Fleisch schüttelte, ihn zerfetzte und sich das saftige Fleisch auf der Zunge zergehen ließ, als hätte sie ein wildes Tier im Maul. Wir beschlossen, es ihr am Stück zu geben. Das Publikum hatte seine iPhones und Kameras gezückt. Ich ließ das Pfund Fleisch über Gizelles Kopf baumeln, sie öffnete das Maul, die braunen Augen so weit aufgerissen, dass das Weiße zu sehen war.

»Okay, Mädchen!«, strahlte ich. »Bitte sehr …« Ich ließ das Steak los, und wie ein Kiesel, der in einen Brunnen sinkt, verschwand es. Gizelle schluckte es, wie wir eine Tablette schlucken: ohne ein einziges Mal zu kauen. Wir standen einen Augenblick still, dann senkte Gizelles Publikum die Kameras. Verwundert legte Rebecca den Kopf schief und sah Gizelle blinzelnd an. Ich stellte mir vor, wie das Steak nun in Gizelles Magen schwebte, während sie uns aus besorgten, gierigen Augen anblickte, als würde sie fragen: »*Kann ich noch einen Bissen haben?*«

14
Herbstfarben

»Was sind das für orangefarbene Kugeln, Lauren?
Müssen wir uns Sorgen machen?«

TROTZ DER PROGNOSE des Tierarztes, dass Gizelle es möglicherweise nicht bis zum Ende des Herbstes schaffen würde, war inzwischen Oktober, und sie genoss nach wie vor das Leben. Ich konnte kaum glauben, dass ich vor einem Jahr noch nach Kostümideen für Halloween gesucht hatte, frei nach dem Motto: *Wir zeigen es diesen Hummer-Chihuahuas.* Nun war wieder Halloween, und ich überlegte mir weitere Dinge für Gizelles Wunschliste, um es dem Krebs zu zeigen – dankbar, dass Gizelle überhaupt noch da war.

»Lass Gizelle für einen Tag einen Feuerwehrhund spielen!«, schlug ein Freund vor. Sirenen? Kräftige Männer mit großen Hüten? Schnelle, sich unvorhersehbar bewegende große Autos? Vielleicht sollten wir nicht gerade Gizelles schlimmsten Albtraum auf ihre Liste setzen.

»Wie wär's mit Doga? Da machst du Yoga mit deinem Hund.« *Oh!* Aber welche Posen genau?

»Bring sie in den Auslauf für kleine Hunde – damit sie einmal ihr wahres Ich ausleben kann.« Das hatten wir schon mal ausprobiert. Die Chihuahuas waren nicht besonders glücklich darüber gewesen.

»Fallschirmspringen?« Hmmm … So gerne ich Gizelle auch das ultimative Kopf-aus-dem-Fenster-Erlebnis schenken würde … *Nein.*

»Ein Steak für sie braten?« Erledigt!

»Netflix-Abend?« Erledigt!

»Pasta teilen wie Susi und Strolch! … Eine Tanzparty machen! … Einen Kerl für G finden!« *Erledigt! Erledigt! Erledigt!*

Dann schrieb Dad mir eine Nachricht.

»Herbstlaub anschauen mit Grandpa? LOL Dad«

Dad hatte immer noch nicht herausgefunden, was »LOL« wirklich bedeutete, aber seine Gefühle für Gizelle waren stärker geworden, nachdem sie für ihn anfangs nur »dieser großer Welpe« und ein weiteres Zeichen für Moms unverantwortliches Verhalten gewesen war. Obwohl ich nicht mit hundertprozentiger Sicherheit sagen konnte, dass seine Motivation *ausschließlich* Gizelle betraf – schließlich hatte er mich schon eine Weile nicht besucht, außerdem war Gizelle farbenblind und konnte die Rot- und Gelbtöne nicht so unterscheiden wie wir –, fand ich seinen Vorschlag super. Die sich verfärbenden Blätter anzuschauen klang nach einer perfekten Ergänzung für die Liste. Also buchte Dad einen Flug von Nashville nach New York, und dann fuhren wir von Kittery aus die Küste Maines entlang, mit Gizelle auf dem Rücksitz.

Mom und Dad waren inzwischen offiziell geschieden, was ich vor allem als Erleichterung empfand. Ich hatte meine Eltern nie glücklich zusammen erlebt, nie lachen oder zusammen auf dem Sofa einen Film gucken sehen, wie ich es bei den Eltern meiner Freunde mitbekam. Ich hatte immer gewusst, dass meine Eltern sich nicht verstanden. »Kannst du dich nicht einfach von ihr scheiden lassen?«, hatte ich meinen Vater als Studentin unverblümt gefragt, wenn Mom wieder Theater gemacht hatte. Er antwortete immer, dass das nicht so einfach wäre. Dann machte er mich darauf aufmerksam, dass es einmal eine Zeit gegeben hatte, in der sie glücklich gewesen waren, an die ich mich vielleicht nur nicht erinnerte. Aber nachdem sie fünf Jahre getrennt gelebt hatten und ganze achtundzwanzig Jahre verheiratet gewesen waren, kam es schließlich doch zur Scheidung. Und die brachte mich nicht sonderlich aus der Fassung.

Ich wusste, dass Dad sich mit anderen Frauen traf. Er hatte

gerade Erisy in Santa Barbara besucht, und sie hatte berichtet, dass er ständig Selfies machte und einer Frau namens Linda schickte. Tripp, Jenna, Erisy und ich kicherten darüber in unseren Chats: »Dad? Dated? Eine Linda?« Als dürfe er nur unser Dad sein und nichts sonst. Wir freuten uns für ihn, trotzdem war es merkwürdig, ihn sich mit anderen Frauen vorzustellen. Er löste sich von Mom, und manchmal war ich regelrecht neidisch, dass er sich von ihr scheiden lassen, die Verbindung kappen und sich jemand neuen suchen konnte. Manchmal wünschte ich mir dasselbe für mich. Aber mich verletzte und verwirrte sie immer noch, und ich wollte sie unbedingt zurückhaben.

Wir hatten keine Unterkunft gebucht, was ungewöhnlich war für Dad, der Vorhersehbarkeit mochte, besonders in der »Ich will wissen, wo ich heute Abend schlafe«-Sektion. Aber die Hochsaison in Maine war bereits vorüber, und als wir in Cape Neddick auf der US Route 1 um eine Kurve fuhren, fiel mir ein Weg auf, der zu einer Ansammlung winziger weißer Cottages führte. Sie lagen um eine Lichtung verteilt, die von leuchtend gelben Bäumen umgeben war. Ich erkannte Schaukelstühle und himmelblaue Fensterläden. Der Ort wirkte wie aus einem Bilderbuch, war Mastiff-freundlich, lag in Meeresnähe, und wir waren die einzigen Gäste dort. Gizelle und ich packten unsere Taschen aus, reservierten uns einen Platz auf dem Schlafsofa und spazierten hinaus, um uns die Bäume anzusehen.

Als ich in der Ferne einen Haufen goldener Blätter sah, musste ich dem kindischen Drang widerstehen, loszurennen und hineinzuspringen, weil mir klar war, dass mein großer Schatten sein Bestes geben würde, mir hinterherzulaufen. Also ging ich langsam, Gizelle auf den Fersen. Ihr linker Hinterlauf berührte kaum noch den Boden, er konnte ihr Gewicht nicht mehr tragen. Also hielt sie ihn in der Luft. Was der Tierarzt als »Calor« beschrieben hatte, war nun eine deutlich sichtbare, eiförmige Wölbung an ihrem Sprunggelenk. Ich vermisste das Geräusch, das Gizelles Pfoten auf der Erde machten. Ich vermisste es, mit ihr durch den Park zu jagen, wie athletisch und schnell sie trotz ihrer enormen Größe war, dass sie Sprünge machte wie ein Bulle oder galoppierte wie ein Pferd. Wir wateten langsam in den goldenen Blätterhaufen, und als wir nebeneinander darin standen, musste ich keinen kindischen Drang mehr zurückhalten.

»Bereit, Gizelle?« Ich breitete die Arme aus und ließ mich in den raschelnden Blätterhaufen fallen.

Oh, mein Sitzplatz!, dachte Gizelle sich wohl, als sie sich direkt auf mir niederließ.

»Okay, okay, Mädchen. In Ordnung. Du darfst hier sitzen.« Ich massierte ihre Flanken. Dann sah ich hinauf in den Himmel und beobachtete ein gelbes Blatt, das von einem Zweig herunterschwebte, kreiste und durch die Luft tanzte. Ein knallrotes folgte, dann ein dunkelrotes.

Als ich den Farben zusah, die von den Bäumen fielen, dachte ich, wie schön die Blätter waren, kurz bevor sie braun wurden und die Welt für immer verließen. Kimmy hatte mir einmal gesagt, dass Blätter das Einzige waren, was vor dem Tod seine ganze Schönheit entfaltete, aber als ich ein schweres Rascheln im Laub neben mir hörte, wusste ich, dass das nicht stimmte. Ich sah Gizelle an, die von »ihrem Sitzplatz« gestiegen war und sich nun auf dem Rücken in den Blättern wälzte, den Bauch zum Himmel gereckt, die Beine ganz und gar nicht damenhaft ausgebreitet. Die Zunge hing ihr aus dem Maul, die Lefzen fielen zur Seite und gaben ihre weiß glitzernden Zähne frei. An den Lefzen hingen Blätter wie ein Bart. Sie hechelte, lächelte und war so schön wie nie.

Am nächsten Tag hingen die Wolken tief und erstreckten sich über die Küste von Maine. Es war kühl. Außerdem war es regnerisch, dann sonnig, dann graupelig, dann neblig und dann wieder regnerisch. Alles an einem Tag. Ständig stellten wir die Scheibenwischer an und wieder aus. Dad war die Idee mit der Wunschliste für einen Hund neu, aber er war begeistert, als ich ihm versicherte, dass Gizelles Liste ziemlich flexibel war – man konnte jederzeit spontan etwas hinzufügen. Außerdem wiederholte Gizelle gerne dieselben Dinge. Wir entdeckten die besten Hummerbrötchen immer wieder aufs Neue. Wir gingen an dem leeren, steinigen Strand spazieren. Mein Vater machte Fotos, indem er das iPhone weit vor sein Gesicht hielt, auf den Bildschirm starrte und lächelte. Währenddessen versuchte ich, Gizelle wieder zu den Wellen zu locken.

»Los, Kumpel, wir machen ein Selfie von uns allen am Strand. Komm her, Gizelle«, sagte Dad, als er sich zu uns gesellte. Er kniete sich in den Sand, streckte den Arm vor uns aus, bemühte sich, Gizelles Kopf mit aufs Bild zu bekommen, und kämpfte darum, den richtigen Knopf zu treffen. Ich lachte, verdrehte die Augen und notierte mir in einer Ecke meines Gehirns, dass Selfies machen mit Dad am Strand eine schöne Ergänzung für Gizelles Liste war, und vielleicht auch für meine eigene.

»Es ist echt süß, wie Gizelle dich beobachtet, Fernie«, sagte er mir im Auto.

Ich lächelte ihn an und griff nach hinten, um Gizelles Kopf zu streicheln.

»Sie beobachtet dich genau. Als wäre sie deine Mom. Ich glaube, ich habe noch nie zuvor gesehen, wie ein Tier jemanden so beobachtet.« Und er sagte, wie froh er wäre, dass ich sie in Knoxville und New York bei mir hatte, weil er wüsste, »der große Welpe« würde immer auf mich aufpassen. Er sei traurig, dass sie nicht für immer bei mir sein könnte. Mir drehte sich der Magen um, als er das sagte. Ich versuchte nach wie vor, mich einfach nur auf die Liste zu konzentrieren.

Die meiste Zeit fuhren wir durch die Küstenstädte, bewunderten Leuchttürme, hörten Jimmy Buffett. Wir sahen Surfern zu, fütterten Möwen und uns selbst mit Pommes. Ich zeigte Dad den Steg hinter Amerikas ältestem Gemischtwarenladen. Danach hielten wir an einem sehr kleinen Pub in der Nähe von Kennebunkport. Es regnete. Die Decke hing niedrig, und der Boden war mit roten, knarzenden Holzdielen ausgelegt. Gizelle saß unter meinem Barhocker. Ich trank ein Kürbisbier und Dad das leichteste Bier, das es gab. Gizelle bekam noch mehr Pommes, Lauren auch.

Wir fuhren um Wells Beach herum, und Dad machte einen schnellen U-Turn, als wir an einem Kürbisfeld vor einer weißen Kirche mit einem hohen, spitzen Turm vorbeikamen. Wir stellten das Auto ab, liefen mit Gizelle im Nieselregen über das Feld und ließen sie einen Kürbis aussuchen, was letztendlich bedeutete, dass wir ihr zusahen, wie sie sich im Gras wälzte, bis sie an einen Kürbis stieß und sich erschreckte. »Den nehmen wir!«, jubelte ich. Der Kürbis war quadratisch, matschig, an einer Seite verfault, und er hatte keinen Stiel. »Der ist perfekt, Gizelle«, versicherte ich, wischte etwas Erde ab und legte ihn in den Mietwagen.

Nach langen Tagen mit kurzen Spaziergängen am Strand, kurvenreichen Autofahrten und warmen Mahlzeiten stellte sich heraus, dass das Schönste die Abende waren, wenn wir an einem winzigen Tisch in der winzigen Küche saßen. Gizelle lag unter dem Tisch, und ein Teil von ihr hielt immer Kontakt zu mir. Dad nahm einen Schluck von dem vom Vorabend übriggebliebenen Miller Lite, und ich öffnete ein weiteres Kürbisbier. »Rommé?«, fragte er, während er ein Deck teilte und auf dem Tisch mischte.

Er gab aus.

Ich verlor.

Ich gab aus.

Ich verlor.

Ich verlor jedes Mal.

Ich rieb meine Füße an Gizelles Halsfalten, und sie knabberte an meinen Zehen. »Ich verliere ständig, Gizelle!« Das Licht der kleinen Lampen und die gelben Wände sorgten für eine gemütliche Atmosphäre. Ich schaute aus dem Fenster in die winterliche Dunkelheit, die sich über unsere momentane kleine Ecke der Welt ausbreitete. Ich sah, wie sich die Umrisse nackter Zweige vor dem schwarzen Himmel abzeichneten und Blätter im Wind zitterten. Tief in mir drin wusste ich, dass Gizelle höchstens noch den Winter erleben würde, den Frühling aber nicht mehr.

Wir saßen ein paar Stunden am Kartentisch, und bald kam das Gespräch auf Mom. Es gab nicht viele Menschen, mit denen ich über sie sprach. Ich schämte mich: Meine Mom war drogenabhängig. Tripp nannte sie einen Junkie.

»Ich bin wütend auf sie«, sagte ich zu Dad. Ich sah mich in dem weißen Cottage mit Strandhütten-Charme um und dachte, wie gern meine Mutter hier gewesen wäre, wäre sie nicht ständig zugedröhnt. »Sie verpasst alles. Sie verpasst ihr ganzes Leben. Es ist so traurig.« Ich starrte in meine Karten, verbittert über all die Jahre, in denen ich das Chaos meiner Mutter in Schach hielt, obwohl ich sie selbst noch gebraucht hätte.

Ich dachte an den Tag, an dem ich Gizelle bekam. Obwohl meine Mutter damals schon ein Suchtproblem hatte, waren wir noch beste Freundinnen. Sie war nach wie vor für mich da. Und nun war Gizelle am Ende ihres Lebens angelangt, und in den letzten sechs Jahren hatte die Abhängigkeit meiner Mom sich zunehmend verschlimmert, bis ich eines Tages aufwachte und mir klarwurde, dass wir uns überhaupt nicht mehr nahestanden. Mom hatte Erisys Collegeabschluss verpasst, Familientreffen und Hochzeiten, die Beerdigung einer engen Freundin, Muttertage, Thanksgivings, Weihnachten, ihre Geburtstage, unsere Geburtstage. Sie war nicht da, oder wenn, dann häufig nicht nüchtern. Manchmal bot sie bloß an, uns Geld oder ein Geschenk zu schicken, um irgendwie doch noch für uns da zu sein. Aber auch wenn das großzügig von ihr war, hätte ich sie lieber persönlich dabeigehabt. Ich fragte mich, ob sie bei meiner Hochzeit anwesend sein oder meine Kinder aufwachsen sehen würde. Ich begriff nicht, warum sie sich nicht einfach zusammenreißen konnte.

Dad war nicht so emotional, wenn es um Mom ging (oder zumindest zeigte er es nicht). Er lieh uns immer ein Ohr, wenn wir über sie sprechen wollten, und ich habe nie mitbekommen, dass er etwas Schlechtes über sie sagte, obwohl sie es umgekehrt dauernd tat. Ich wusste, dass er der Meinung war, wir sollten uns nicht bemitleiden, keine Opfer sein, sondern stark und dankbar für das, was wir hatten. Aber an diesem Abend antwortete Dad mir.

»Hilft es dir, es so zu sehen, als hätte deine Mom eine Krankheit?«, fragte er und starrte in seine Karten. »Weißt du – vielleicht in etwa so wie die, die Gizelle hat?«

Es war nicht das erste Mal, dass ich davon hörte, Sucht als Krankheit zu betrachten. Aber es war mir immer schwergefallen, meine Mom wirklich als Kranke zu betrachten. Über die Jahre hatte ich die zahllosen Varianten ihres Kampfes mitangesehen – Entzugsklinik, wiederholte Trunkenheit am Steuer, gebrochene Versprechen, Gefängnis, Rehabilitationszentren, Therapie, Ärzte, Treffen der Anonymen Alkoholiker.

Aber die Sucht hatte jedes Mal gewonnen. Ich kannte all ihre Versprechen – »Es geht mir besser! Es geht mir gut! Ich gehe zu den Treffen! Ich werde dich besuchen! Ich werde wieder Aerobickurse geben! Ich werde ehrenamtlich im Tierheim arbeiten! Ich ziehe nach Kalifornien! Ich *besuche* dich! Ich besuche dich und Gizelle!« Aber sie tat nie irgendetwas davon. Ich glaubte ihr nicht mehr. Es war zu hart, eine Beziehung mit jemandem aufrechtzuerhalten, der scheinbar bei jedem Thema log.

Aber was, wenn sie tief drinnen eigentlich wollte, dass all das wahr wurde, aber keinen Weg fand, es umzusetzen? Was, wenn sie wirklich krank war, in ihrem eigenen Geist gefangen und unfähig, sich zu befreien? Was, wenn Drogenabhängigkeit in Wirklichkeit gar nicht peinlich war? Was, wenn ich versuchen könnte, die Schwierigkeiten meiner Mutter mit Mitgefühl und Mitleid zu betrachten, statt sie noch zu verstärken? So, wie wir Kranke betrachten? In gewisser Weise hat die Sucht etwas so Maßloses, dass es schwer ist, sie als Krankheit zu sehen, aber ich weiß auch, dass mehr als nur Willenskraft nötig ist, um sie loszuwerden.

Es ergab Sinn, dass Mom krank war. Wie Krebs hatte die Abhängigkeit Begleiterscheinungen, die zum Beispiel ihren Körper in den von jemandem verwandelten, den ich nicht kannte, oder die sie zwangen, sich seltsam zu verhalten. Wie Krebs war sie schwer zu verstehen und herzzerreißend mitanzusehen. Wie bei Krebs erholten sich manche davon. Andere nicht. Wie bei Krebs war es vielleicht okay, einfach nur traurig darüber zu sein, ohne sich zu schämen. Vielleicht war es in Ordnung zu akzeptieren, dass es nichts gab, was ich tun konnte, um sie zu heilen. Weder mein Vater noch ich konnten etwas tun, um meine Mutter zu ändern.

Viele argumentieren, Abhängigkeit sei keine Krankheit,

schließlich habe man die Wahl. Sogar einige Alkoholiker sagen, sie wollen nicht als Kranke betrachtet werden. Aber ich denke, wenn das der Fall wäre, ginge es Mom mittlerweile besser. Ich glaube nicht, dass sie die Drogen und den Alkohol mir vorziehen *will*. Ich glaube eher, dass sie in den Tiefen ihres Ringens mit sich selbst verloren ist und da nicht mehr herauskommt.

Dad sagte, seiner Meinung nach sei eine Sucht ein wenig so, als würde man sich im Labyrinth verlaufen. Würde ich also versuchen, Mom zu helfen, würde ich mich nur mit ihr verirren. Und so sehr ich meine Mutter heilen und ihr Problem lösen wollte, so sehr erleichterte es mich auch loszulassen – zu akzeptieren, dass ich es nicht mehr versuchen musste.

Ich konnte genauso wenig verhindern, dass Gizelle krank war und dass Mom krank war wie dass die Blätter sich verfärbten und von den Bäumen fielen. Und vielleicht war rein gar nichts bezüglich Moms Abhängigkeit zu unternehmen in Wahrheit sehr viel, denn auf diese Weise entkam ich ihrem Labyrinth und konnte dankbar sein für alles Schöne, was es auf der Welt gab – Leuchttürme, Kürbisfelder im Herbst, Möwen am Strand, einen Mastiff, der auf meinen Füßen schnarchte, Kartenspiele mit Dad in Maine.

Das war schließlich der Sinn meiner Liste für Gizelle, oder? Ich konnte Gizelles Tumor nicht wegzaubern. Ich konnte sie nicht heilen. Das Einzige, was ich tun konnte: meine Einstellung dazu ändern. Entweder ließ ich mich davon völlig herunterziehen oder ich nutzte die Chance, das Leben mit Gizelle in vollen Zügen zu genießen.

Ich hörte die Äste an der Mauer unseres Cottages vorbeikratzen, und nach einem Dutzend Niederlagen und einem kleinen Sieg gab ich auf.

»Nacht, Dad«, sagte ich und klopfte ihm auf die Schulter.

»Nacht, Fernie.« Er stand auf und umarmte mich, küsste mich auf die Stirn, drehte den Schraubverschluss seines zweiten Miller Lite zu und stellte es in den Kühlschrank für den nächsten Tag.

Der Tierarzt hatte gesagt, ich würde merken, wenn es Zeit wäre, Gizelle gehen zu lassen, wenn ihre Lebensqualität stark nachließe. Wenn Gizelle nicht mehr für normale Dinge wie Futter und Zu-Bett-Gehen und Leckerchen aufstehen wollte, wüssten wir Bescheid. Ich ging ins Bad, und als ich vor dem Spiegel stand und mir die Zähne putzte, hörte ich ein langsames, aber gleichmäßiges Tapsen von Pfoten näher kommen. Gizelle blieb stehen und schob dann ihre große, schwarze Nase an den Türspalt. *Schnüff. Schnüff. Schnüff.* Dann gab sie ein kurzes, trauriges Chewbacca-Wimmern von sich. Ich lachte und öffnete ihr die Tür. Sie schob sich herein und drückte mich gegen das Waschbecken – immer noch in der Lage, zwischen mir und der Dusche etwas Platz für sich zu finden, obwohl das Bad kleiner war als eine öffentliche Toilette. Als ich ins Wohn-

zimmer zum Klappbett ging, manövrierte sie sich rückwärts aus dem Bad und folgte mir auch dorthin, wo sie die Schnauze aufs Bett legte. »Fertig, Mädchen?«, fragte ich, schlang die Arme um ihre Hinterläufe und half ihr hoch. Sie kroch auf dem Bauch ans Kopfende des Bettes und legte den Kopf aufs Kissen. Diesmal war ich der kleine Löffel. Sie legte ihre Pfoten um mich und den Kopf auf meine Wange. Ich drehte mich zu ihr und vergrub mich in den Hautfalten an ihrem Hals. Diese Stelle, unter dem großen Kopf eines Mastiffs, dessen Lefzen über mein Gesicht hingen wie eine Decke, fühlte sich an wie der sicherste Ort der Welt.

15
Schneefall am Strand

Wells Beach, Maine

GIZELLES ATEM DRANG durch die Kälte, formte weiße Wölkchen vor uns. Es war Dezember, das letzte Weihnachten meines Mastiffs, und Conner und ich brachten sie nach Wells Beach, in York County, Maine. Der Krebs an Gizelles Hinterlauf war fast auf die Größe einer Billardkugel angewachsen, und ihr krankes Bein hing nutzlos hinter ihr in der Luft. Sie hatte Schwierigkeiten aufzustehen und verließ ihr Bett nur ungern. Ich merkte, wie die Lebenskraft aus ihr wich.

»Schneefall am Strand«, schrieb ich auf Gizelles Liste, immer noch bemüht, nicht daran zu denken, dass ich sie verlieren würde. Rebecca hatte mal zu mir gesagt, es am Strand schneien zu sehen sei das zauberhafteste Erlebnis der Welt, weil zwei der herrlichsten Dinge der Natur gleichzeitig auftraten. Ich fand, Gizelle und ich sollten das erleben, und ich wollte, dass auch Conner dabei war. Er war mein Schutzschild gegen den Schmerz, Gizelle zu verlieren, meine Mom zu verlieren und mit mir allein festzustecken. Er kaschierte die Einsamkeit in meinem Inneren, vor der ich mich fürchtete. In gewisser Weise hielt ich an ihm fest, um die Kontrolle über die Welt um mich herum nicht zu verlieren.

Conner öffnete die hintere Tür unseres Ford Focus mit der einladenden Handbewegung eines Chauffeurs.

Gizelle, die mittlerweile ein Profi darin war, stand wartend neben dem Auto. Ich schlang die Arme um ihre Hüften, hob sie vorsichtig auf die Rückbank und kletterte hinterher. Gizelle und ich machten es uns über die gesamte Breite bequem, sie drückte ihren gewaltigen Kopf an meine Brust, und ich legte den Arm um sie, als wäre ich ihr Freund, und streichelte ihr Ohr, während Conner auf den I-95 fuhr.

»Wie geht es Gizelle?«, fragte er.

»Okay«, antwortete ich und lächelte schwach in den Rückspiegel, während ich meinen Kopf an Gizelle kuschelte. Sie wandte sich mir zu, um mir die Wange abzulecken. Sie leckte lang und langsam, bewegte den ganzen Kopf dabei auf und auf, und es wirkte, als wüsste sie genau, was sie tat.

Ich dachte über die Art der Liebe nach, die ich für Gizelle empfand. Es gab nichts, was sie hätte tun können, um sie zu verspielen. Mir war es gleich, dass es mühsam war, morgens, wenn ich spät dran war für die Arbeit, aufzustehen und mit ihr im Regen rauszugehen, darauf zu warten, bis sie die wenigen Bäume und zahlreichen Müllsäcke abgeschnüffelt hatte, die die 43rd Street säumten. Mir war gleich, dass ich Wolken gestromten Fells in meiner Wohnung zusammenkehrte und jeden Abend getrocknete Hundespucke von den Wänden kratzte oder einmal mit Sabber in den Haaren zur Arbeit ging. Ihre Haufen waren so groß, dass sie, wie jemand mal sagte, eine eigene Postleitzahl bekommen müssten – na und? Mir war auch gleich, dass meine Wohnung sich jedes Mal in eine Rutschbahn verwandelte, wenn sie Wasser trank, oder dass sie nicht die ordentlichste Esserin war, so dass ich zu Hause manchmal in ihr halbzerkautes Futter trat, das sich wie ein Stück Stampfkartoffel zwischen meinen Zehen anfühlte.

Ich hasste es, mir das Leben ohne Gizelle vorzustellen. Ich wollte sie nicht gehen lassen. Dort hinten im Auto, auf dem Weg nach Wells Beach, wurde mir klar, dass ich nicht dasselbe empfand, wenn ich mir ein Leben ohne Conner vorstellte. Ich fragte mich, ob und wann ich je mutig genug sein würde, *tatsächlich* loszulassen.

Ursprünglich hatte ich geplant, an diesem Wochenende allein nach Maine zu fahren und Gizelle zu sehen, aber war jetzt wirklich der richtige Zeitpunkt, um allein zu sein? Conner war mein Sicherheitsanker. Er half mir durch das Schlimmste, was ich je erlebt hatte. Also stellte ich mir ein schönes Wochenende mit ihm vor. Wenn ich auf die grüne Reisetasche zu meinen Füßen sah, konnte ich förmlich sehen, wie vollgestopft sie mit Phantasien für das Wochenende war.

Ich hatte meine Mütze auf, die ich am eisigen Strand tragen wollte, wenn Conner und ich kuschelig Arm in Arm dasaßen und den sorgfältig ausgewählten Cabernet tranken. Er würde mir eine Schneeflocke von der kalten Wange wischen, mich küssen und mir sagen, dass er mich liebte. Ich hatte Unterwäsche dabei, die ich mit dem Gedanken an ihn in einer kleinen Boutique auf der Second Avenue gekauft und mich dabei wahnsinnig erwachsen gefühlt hatte – sie war verführerisch, rot, mit weihnachtlicher Spitze. Ich hatte mein Tagebuch mit Gizelles Liste eingesteckt, auf der nichts von Tränen stand, die im Gegenteil nur fröhliche Ideen für die Weihnachtstage enthielt:

Den Weihnachtsmann treffen
Einen Hummer kochen
Ein Weihnachtsgeschenk in der Scalawags Pet Boutique
    aussuchen
Eine Weihnachtsbaumschule besuchen
Kuscheln
Es am Strand schneien zu sehen

Vielleicht stellte ich mir das Wochenende mit Conner wie eine Art Nicholas-Sparks-Roman vor. Die Zusammenfassung würde ungefähr lauten: »Verwirrt durch den Schmerz, ihren geliebten Hund an Knochenkrebs zu verlieren, glaubte sie,

Conner wäre nicht der Richtige für sie, aber nach einem kalten Dezemberwochenende am Strand in Maine wurde ihr klar, dass nur er sie retten konnte.«

Als wir am Lafayette Oceanfront Resort am Wells Beach ankamen, einem alten, weißen Motel, das sich direkt am Sandstrand befand, leuchteten ein paar einsame Lichter auf dem Parkplatz, aber alles andere wirkte verlassen. Nur die Spitze des Mondes erschien hinter einer schwarzen Wolke, und es war schwer zu sagen, wo das dunkle Meer endete und der Himmel begann.

»Wir könnten ›In einem Strandmotel übernachten‹ auf Gizelles Liste schreiben«, platzte Conner heraus, holte Gizelles Reisetasche aus dem Kofferraum und half dem süßen Mädchen aus dem Auto. Der Winterwind wehte heftig vom Meer und schleuderte mir meine Haare chaotisch ins Gesicht. Ich presste die Arme vor der Brust zusammen, um warm zu bleiben, und ging langsam mit der hinkenden Gizelle über den Parkplatz zum Motel.

Die Wände in unserem Zimmer waren pastellfarben, es gab ein blaues Zweiersofa und eine Tagesdecke mit verwaschenen Wasserlilien auf dem Bett. Draußen tobte der Wind bei Minustemperaturen. Wir setzten uns alle in Bewegung: Gizelle lief zum Sofa, ich ging schnurstracks auf den Schrank zu und zog einen stark gebleichten weißen Morgenmantel an, und Conner öffnete die Flasche Billecart-Salmon-Champagner, die er mitgebracht hatte.

»Auf Gizelle«, prosteten wir ihr zu, während sie es sich, ohne den Blick von uns zu wenden, auf dem Sofa gemütlich machte. Conner begann ein einseitiges Gespräch über die kreidigen Zitrusnoten des Champagners, den Duft reifer Birne mit einem Hauch von Heu oder so, während ich eine einseitige Unterhaltung mit Gizelles Schlabberohr begann, in der ich sie fragte, ob sie ein Hotdogwürstchen von grasgefütterten Tieren haben wollte, das ich ihr aus der Maine-Meat-Metzgerei mitgebracht hatte. Ich hielt ihr das Fleisch vor die Nase. *O ja, eine Nase Schweinefett ganz ohne pudrige Konservierungsstoffe, mit einer Rauchnote im Abgang. Hmm … und vielleicht ein Hauch von Heu?* Dann schob ich das Würstchen in die riesige Höhle, die ihr Maul war.

Als Nächstes öffnete Conner eine Flasche Cabernet. Er goss ihn in zwei Motelbecher aus Plastik, nahm einen Schluck, spülte den Mund damit wie mit, na ja, Mundspülung und nickte zufrieden. »Sollen wir mit Gizelle rausgehen?«, fragte er. Ich zog mich an, und er gab mir mein Weinglas, wobei er mich drängte, zu raten, ob er aus der Alten oder der Neuen Welt kam.

Wir schoben die Glastür auf, die direkt zum Strand raus führte. Die weißen Spitzen der Wellen wälzten sich über das schwarze Wasser. Wir konnten mit Gizelle nicht weit gehen, also blieben wir stehen und blickten auf das dunkle Meer, während sie die Nase in die salzige Luft reckte. Alles war so, wie ich es mir vorgestellt hatte. Da war der würzige Rotwein (aus der Alten Welt), ein Fleck Mondlicht, das durch die Wolken schien, der Sand, das Meer, Gizelle, Conner, ein kalter Winterabend. Es hätte perfekt sein können. Aber es gab keinen Kuss. Keine Schmetterlinge. Keine gegenseitigen Liebesschwüre. Wir redeten über Wein, über Conners Personalmanager und meinen Chef. Dann gingen wir wieder zurück ins Zimmer. Conner schnarchte innerhalb weniger Minuten. Die Dessous, die ich gekauft hatte, blieben eingepackt. Gizelle rollte sich auf ihrem großen, blauen Thron neben mir am Bett zusammen. Ich schloss die Augen, schlief aber nicht ein. Irgendetwas machte »klick« in mir, und ich wünschte mir, allein zu sein. Ich wünschte mir, dass diesmal nur Gizelle und ich hier wären.

Am nächsten Morgen fuhren wir in die Küstenstadt Kennebunkport, um das jährliche Vorweihnachtsspektakel anzuschauen. Die ganze Innenstadt platzte schier vor Weihnachtlichkeit. Rote Schleifen waren um Laternenpfähle gebunden, Pferdekutschen mit Glöckchen fuhren herum, und an malerischen Holzhäusern hingen Kränze. Es gab Sternsinger, trommelnde Soldaten und Hunde mit Koboldschühchen.

Conner machte alles richtig. Er stellte sich in die Schlange am Dock Square Coffee House und brachte uns Überraschungen mit – Schlagsahne im Becher für Gizelle, heiße Schokolade für mich. Er hielt meine Hand. Er hielt auch andauernd sein iPhone vors Gesicht, um Fotos von mir und Gizelle zu machen, dirigierte uns vor einen Weihnachtsbaum, der mit bunten Bojen dekoriert war, ließ uns an den Strandkörben posieren und dann neben einem gewaltigen Kranz. »Gizelle, guck mal! Guck hierher, Gizelle!«, rief er mit hoher Stimme und wedelte mit seinem Handschuh in der Luft. Wir achteten darauf, dass Gizelle viel Zeit hatte, im Gras zu sitzen und Leute zu beobachten. Wir probierten das scharfe Chili des jährlichen Chili-Wettbewerbs, kauften einen weiteren Hotdog für Gizelle und beantworteten die üblichen Fragen über English Mastiffs, die sich die Passanten einfach nicht verkneifen konnten.

Ja, sie frisst mir die Haare vom Kopf.

Nein, heute kein Ponyreiten möglich.

Klar wiegt sie mehr als ich. Was für eine Frage!

Aber dann gab es eine neue Frage, eine, die ich noch nicht oft gehört hatte. »Warum humpelt Ihr Hund?« Ich fand es unhöflich, auf Gizelles Behinderung angesprochen zu werden; die Wahrheit wollte ich ihnen jedenfalls nicht sagen. Ich wollte ihr nicht *ins Gesicht sehen.*

»Sie hat sich das Bein gebrochen. Das heilt bald. Es geht ihr gut!«, erklärte ich nickend und lächelnd.

Dann tätschelte ich Gizelles Kopf, und sie lehnte sich an mich und wärmte mich mit ihrem großen, gestromten Körper, während die Leute weitergingen.

Ich blieb dran an Gizelles Liste. Der nächste Punkt war ein Weihnachtsgeschenk aus der Scalawags Pet Boutique, einem schicken Hundegeschäft in Kennebunkport mit Gourmet-Leckerchen und schriller Hundekleidung. »Was wünschst du dir zu Weihnachten, mein Mädchen?«, fragte ich sie, als sie an ein paar Hummer-Stoffspielzeugen und Hummer-Hundemützen schnüffelte. Ich zeigte ihr ein knallrotes Hummer-Seilspielzeug, das ich für einen Volltreffer hielt, aber sie interessierte sich nicht sonderlich dafür. Sie wandte den Kopf ab und ging weiter schnüffelnd in den hinteren Teil des Ladens. Dort an der Rückwand hingen weihnachtliche Pullover. Sie schnupperte unablässig an den Pullovern, setzte sich hin und sah mich mit einem melancholischen, eindringlichen Bitte-kann-ich-so-was-haben?-Blick an.

Na toll, dachte ich. *Gizelle wünscht sich einen Pullover, und ich wette, hier gibt es keine Übergrößen.* Wie sich herausstellte, hatte ich den Druck des Kapitalismus unterschätzt, und so probierte Gizelle bald alle möglichen Arten von Pullovern an: einen rosafarbenen, auf dem Kennebunkport stand – der passte nicht ganz über ihren Hals –, einen grauen mit Argylemuster, den ich selbst auch getragen hätte, und dann, die Krönung, einen roten Fleecepulli. Ich zog ihn vorsichtig über eine Pfote nach der anderen. Als ich zurücktrat, um Fotos von ihr in dem Pullover zu machen, erfreut, dass er saß und zu ihrem roten Seilspielzeug und ihrer roten Lieblingsdecke passte, kam eine Verkäuferin vorbei und strahlte Gizelle an:

»O mein Gott, ein Gold-Paw-Fleece?« Sie schlug vor Begeisterung die Hände zusammen. »Du wirst ihn lieben, großes Hundchen. Er steht dir phantastisch!«

Dann beugte sie sich zu mir rüber und sagte leise, als würde sie mir ein Geheimnis verraten: »Das ist ein wirklich guter Pullover. Sie wird ihn Jahre tragen können.«

Sie wird ihn Jahre tragen können. Ich blickte hinunter zu Gizelle in dem hübschen roten Pullover, und mir brach an Ort und Stelle, neben einer Reihe regenbogenbunter Hundepullover, das Herz. Nein, sie würde ihn nicht Jahre tragen können. Konnte sie ihn überhaupt noch nächste Woche anziehen? *Wie lange noch, Gizelle? Sag's mir. Versprich mir, dass du mir Bescheid sagst, okay?*, dachte ich, ganz sicher, dass sie das auf jeden Fall tun würde, wenn sie konnte. Ich bezahlte den Pullover, fragte mich, warum ich überhaupt noch vierzig Dollar dafür ausgab, und wir verließen langsam den Laden.

Das Wochenende nahm seinen Lauf. Wir fuhren zum Supermarkt, wo ich mir die Ärmel hochkrempelte und drei Hummer aus dem Becken fischte. Ich war immer der Meinung gewesen, wenn man Hummer aß, müsse man in der Lage sein, ihn selbst zu kochen. Und wenn Hummer das nobelste Essen war, das man einem Mädchen servieren konnte, dann sollte Gizelle es auch bekommen. (Frischer Hummer aus Maine war ja wohl kein Vertragsbruch, oder?) Wir trafen uns mit Conners dort ansässigen Freunden und kochten ein Festmahl. Ich legte Gizelle einen Kopfschmuck mit Hummerscheren und ein weißes Hummer-Lätzchen an und trank noch mehr edlen Wein. Als wir am Tisch saßen, hörte ich Conner und seinen Freunden zu, die sich nur über ihre Arbeit und Geld unterhielten, und wünschte, sie würden wenigstens *während* des Essens über etwas anderes reden, aber es war okay. Gizelle saß mir zu Füßen, und ich warf ihr Stückchen des weichen, weißen Fleischs hin, die sie zufrieden verschlang. Nach dem Abendessen kuschelten Gizelle und ich uns auf ihr großes, blaues Sofa. Ich sah aus dem Fenster auf den leeren Strand, während

226

das Mattgrau des Himmels in ein mondloses Schwarz überging. Dann blickte ich zu Conner im Bett und dachte an all die netten Dinge, die er für Gizelle und mich tat. Er brachte uns Leckereien mit, fuhr uns aus der Stadt raus, hatte das Hummeressen und viele weitere organisiert, überraschte mich morgens mit Kaffee, half mir, mit meinem ersten Gehalt zurechtzukommen, ging mit Gizelle spazieren, ruinierte meine Geschmacksknospen, so dass ich keinen Zweidollarwein mehr trinken wollte. Trotzdem war in mir diese leise Stimme, die mir sagte, dass irgendetwas an dieser Beziehung fehlte, dass alles, was ich an Conner mochte, auf Bedingungen beruhte. Und egal, auf wie viele Abendessen er mich einlud oder wie viel er richtig machte, die leise Stimme, die mir sagte, dass diese Beziehung nicht richtig war, verstummte nie ganz.

Es war Sonntag, unser letzter Morgen im Motel. Der Lärm des Sportsenders ESPN, der aus Conners iPhone schallte, weckte mich. Ich lag auf meiner Bettseite auf dem Bauch, Gizelle neben mir auf ihrem blauen Sofa. Ich tippte sachte ihren Kopf mit meinen Fingern an. Sie öffnete die Augen, brachte ihre Schnauze an den Rand des Sofas, so dass wir Nase an Nase dalagen. Ihr warmer Atem streifte mein Gesicht.

Ich wandte den Kopf zu Conner. Conner saß mit geradem Rücken am Kopfende, hatte die Brille auf und betrachtete den Bildschirm seines Handys. »Ich glaub, ich gehe mal mit Gizelle an den Strand«, sagte ich mit schlaftrunkener Stimme. Er brauchte eine Sekunde, um zu antworten. »Aber es ist eiskalt draußen«, sagte er, den Blick immer noch aufs Handy gerichtet. »Warum willst du an den Strand, wenn es so kalt ist?« Jetzt wandte er sich mir zu, das Handy immer noch in der Hand.

»Komm schon, Gizelle kann warten.« Er näherte sich meinem Gesicht, um mich auf den Mund zu küssen. Ich berührte ihn sanft am Bauch. »Nein, nein, kann sie nicht. Wir haben schon den Sonnenaufgang verpasst. Es ist unser letzter Morgen hier.«

»Gizelle geht es gut auf ihrem Sofa«, versicherte Conner überzeugt, legte das Handy weg und ließ eine Hand über meine Brust gleiten, um den strahlend weißen Morgenmantel zu öffnen.

Ich sah hinüber zu Gizelle; sie beobachtete uns. In Wirklichkeit wollte ich, dass sie mit mir rausgehen wollte. Ich brauchte frische Luft. Ich legte die Hände an Conners Wangen und zog seinen Kopf nah an mein Gesicht. »Ich bin nicht lange weg«, versprach ich, nicht fähig, ihm zu sagen, dass ich in Wirklichkeit *ganz* weg wollte. Ich war ja kaum in der Lage, es mir selbst einzugestehen. Im Augenblick wollte ich einfach nur das Zimmer für zehn Minuten verlassen und mit Gizelle allein sein.

Ich schlüpfte unter Conner hinweg und wälzte mich aus dem Bett. Gizelle hob den Kopf, als sie merkte, dass ich das Bett verließ, und ihre wachsamen Augen verfolgten mich durch den Raum, während ich eilig meine Klamotten zusammensammelte, um den Morgen nicht zu verpassen. Ich stieg über Gizelles Näpfe ins Bad und spritzte mir dabei die Füße nass. Ich zog Leggings und das erste T-Shirt, das ich finden konnte, an, sparte mir den BH und schnappte den Wintermantel, den ich achtlos auf den Boden geworfen hatte. Ich griff nach meiner grauen Strickmütze, band meine Schnürsenkel kaum zu und ließ Gizelle einfach so raus, ohne Halsband und Leine. Ich zog ihr nicht einmal ihren neuen roten Pullover über. »Komm, Gizelle. Komm, Mädchen!«, sagte ich, griff in ihre Halsfalten und manövrierte sie vorsichtig von ihrem Thron. Ich schob die schwere Glastür des Motels auf, und wir schlüpften durch die dicken, langen, blauen Vorhänge.

Die kalte Luft traf mich hart wie eine Wand. Der Wind kroch direkt durch meine Mütze und den dicken Mantel hindurch und verpasste mir eine Gänsehaut. Ich wollte zum Wasser rennen, mich allein im Sand drehen, springen und tanzen; wollte, dass Gizelle mit mir in die Wellen hüpfte und in die Luft sprang, mit dem Meer zu Füßen. Ich wollte nichts lieber, als mit Gizelle zu rennen. Aber sie konnte kaum gehen. Ihr Tumor war mittlerweile faustgroß, und wir fühlten uns beide, als trügen wir Eisenfesseln, die uns zu kleinen Bewegungen und kurzen Distanzen zwangen. Wir würden nie wieder zusammen rennen. Ich sah über die Küstenlinie des leeren Strandes, dann hinunter auf den nassen Sand unter meinen Füßen. Wir konnten nichts anderes tun, als uns hinzusetzen.

Also setzte ich mich in den kalten Sand, schlug die Hände vors Gesicht und schluchzte.

Ich hatte die Idee mit der Wunschliste durchgezogen, um stark zu sein, mich für das Glück zu entscheiden und das Leben mit Gizelle zu feiern, aber nun holte die Realität mich ein. Ich konnte nicht mehr vor Gizelles Krebs davonlaufen. Genauso wenig wie vor der Kälte – und meiner Beziehung. Ich ballte die Hände zu Fäusten und steckte sie in meinen Mantel, damit sie warm blieben. Meine Wangen waren kalt, meine Füße, sogar meine Zähne. Was zum Teufel wollte ich überhaupt hier, allein an diesem eisigen, leeren Strand? Wie war ich in Maine gelandet? Ich sah hinüber zu Gizelle. Ich wollte schon aufstehen und zurück ins Motelzimmer gehen, als Gizelle, die sich ein paar Schritte weiter ein paar Steine angesehen hatte, zu mir zurückgehumpelt kam.

Sie leckte mir die tränennassen Wangen ab, dann drehte sie sich um und bugsierte sich rückwärts auf meinen Schoß. Sie war meine Beschützerin, meine Vertraute, meine größte Last und mein größter Stolz gewesen, und nun war sie auch noch meine Heizung. Als ich so dasaß, mit meinem riesigen English Mastiff auf dem Schoß, überlegte ich, wie ich es allein mit

Gizelle von Tennessee nach New York und nun im Dezember zum Wells Beach geschafft hatte. Ich wusste immer noch nicht, was ich sein oder arbeiten wollte, wer ich war und wohin die Reise für mich ging, aber ich spürte, dass die Zukunft nicht im Motelzimmer auf mich wartete. Ich hatte Conner mitgenommen, weil ich mich einsam fühlte, aber nun war ich irgendwie an einem kalten, leeren Strand in Maine gelandet und fragte mich, ob ich mich nicht einsamer fühlte, als wenn ich allein hergekommen wäre.

Ich schlang die Arme um Gizelle und verschränkte die Finger vor ihrer Brust. Ihr Herz schlug gegen meine Handflächen. Sie war riesig und weich, warm und tröstlich. Ich weinte in ihr gestromtes Fell. »Ich hab dich lieb, Gizelle.« Womöglich war dies das Einzige, was ich an diesem Tag mit Sicherheit wusste.

Als ich weinend mit Gizelle dasaß, schaute ich hoch. Es hatte zu schneien begonnen. Der Schnee fiel auf Gizelles Fell und schmolz neben der nassen Stelle, die meine Tränen dort hinterlassen hatten. Die zarten Eiskristalle hoben sich deutlich von ihren langen, dunklen Wimpern ab. Der Schnee setzte sich auf ihre große, schwarze Schnauze, neben die kurzen, grauen Hundehaare. Rebecca hatte recht. Es im Winter am Strand schneien zu sehen war eines der schönsten Dinge der Welt. Ich lächelte und schüttelte den Kopf, wischte mir die Augen mit dem Ärmel ab. In dem Moment begriff ich, dass immer ich diejenige gewesen war, die Gizelle mit auf ein Abenteuer nehmen wollte, aber vielleicht war es diesmal genau anders herum. Gizelle hatte mich lang genug hier draußen in der Kälte festgehalten, damit ich dies verstand. Nun fühlte es sich wirklich an, als wollte sie mir etwas mitteilen. *Siehst du, Lauren, ich habe dich hierhergebracht, damit du dieses Zimmer verlassen und an diesem riesigen, leeren Strand einmal fühlst, was Alleinsein bedeutet. Ich sitze jetzt hier auf deinem Schoß, hier im*

Schnee, und bin für dich da, aber bald wirst du feststellen, dass du auch ohne mich zurechtkommst. Bald bin ich nicht mehr da, aber dir wird es auch alleine gutgehen. Es wird alles in Ordnung sein. Der Schmerz bleibt nicht für immer. Eigentlich bleibt nichts besonders lange.

Wenn man sich einen Hund in sein Leben holt, ist der Schmerz vorprogrammiert, stimmt's? Höchstwahrscheinlich wird man sich irgendwann verabschieden müssen, und das wird der traurigste Tag, den man sich vorstellen kann, aber es lohnt sich doch so sehr, nicht wahr? Einen Hund zu haben. Von seiner bedingungslosen Liebe zu lernen. An dem Morgen fragte ich mich, ob die meisten Liebesbeziehungen auch so waren. Conner hatte mir geholfen, erwachsen zu werden, und war an meiner Seite gewesen, als ich ihn brauchte, aber vielleicht war unsere Beziehung trotzdem keine Sache für immer. Das hieß nicht, dass sie umsonst gewesen war. Möglicherweise ist keine unserer Beziehungen umsonst; vielleicht gibt uns jede einzelne einen Schubs in die richtige Richtung.

Und als ich an jenem Tag am Strand über die Liebe zu meiner gestromten Hündin nachdachte, wurde mir klar: Wenn ich Liebe suchte, wenn auf meiner eigenen Wunschliste tatsächlich stand »Mich verlieben«, musste ich Conner wohl endlich gehen lassen, um sie zu finden.

16
Loslassen

Einige Wochen vergingen. Inzwischen war die erste Januarwoche, und Gizelle und ich befanden uns in Kittery. Wir dimmten das Licht in der Küche, stellten überall Kerzen auf und holten das feine Geschirr raus. Ich fuhr ein letztes Mal zur Maine-Meat-Metzgerei. Dann hielt ich am Weinladen, wo ich die Etiketten studierte und dann in eine Flasche 2008er-Barbera investierte. Ich ertappte mich bei dem Gedanken, dass Conner, mein Ex, stolz auf mich wäre.

Conner und ich trennten uns nach unserem Wochenende in Wells Beach, aber wir brauchten Monate, bis wir die Verbindung endgültig gelöst hatten. Wir versuchten, »nur Freunde« zu bleiben, aber am Ende schliefen wir immer miteinander. Irgendwann wurde uns klar, wenn wir wirklich weiterkommen wollten, mussten wir aufhören, uns zu treffen. Einmal fragte er, ob ich mir vorstellen könnte, je wieder mit ihm zusammenzukommen, ob ich wohl irgendwann meine Meinung ändern würde. Ich wollte so gern Ja sagen, denn mir war klar, dass es andernfalls definitiv vorbei wäre, dass er bei einem Nein weg wäre. Aber als ich an den Morgen mit Gizelle am Strand dachte, an dem ich gefroren hatte, einsam gewesen war, Angst und Unsicherheit empfunden hatte, aber die Dinge glasklar gesehen hatte, an diesem eisigen, traurigen Strand, wusste ich, wie meine Antwort lautete. Tief im Herzen spürte ich, dass wir nicht die Richtigen füreinander waren und es auch nie sein würden. Es gab keinen Grund, es noch weiter hinauszuzögern, egal, wie schwer es war. Ich musste mutig sein. Ich sagte Nein.

Ich stellte Gizelle einen Teller auf den kleinen Esstisch neben meinen, zwischen Caitlin und John. John briet die Steaks. Es war das Einzige, was mir für Gizelles letzten Abend auf Erden eingefallen war. »Ein schickes Abendessen«, kritzelte ich auf ihre Liste.

Das letzte Mal, als ich Gizelle ein Steak zubereitet hatte, hatte ich meine Lektion gelernt. Ich würde ihr kein weiteres Mal das Fleisch als Ganzes servieren. Also deckte ich auch für sie einen Teller am Tisch. Gizelle lag auf dem Boden bei meinen Füßen. Sie wollte sich nicht aufsetzen und ihre Nase auf den Tisch legen, um den Essensduft einzusaugen, wie sie es sonst immer getan hatte. Sie folgte mir nicht ins Wohnzimmer. Sie wollte nicht aus ihrem Napf trinken. Sie erhob sich nicht vom Boden. Es war so weit. Wir setzten uns an den Tisch und stießen auf Gizelle an. Ich schnitt ihr Filet in mundgerechte Stückchen und fütterte ihr eins nach dem anderen mit der Gabel. Jeden Bissen brachte ich an ihr Maul; sie öffnete es langsam, zog das Fleisch mit ihren weißen Zähnen von der Gabel, kaute und schluckte. Braves Mädchen.

Ich fütterte sie langsam, weil ich nicht wollte, dass die Mahlzeit endete, aber bald sah ich auf meinen Teller, und da war nichts mehr außer roter Saft. Mit vollem Bauch und so zufrieden, wie ich es an Gizelles letztem Abend sein konnte, nahm ich den Teller und stellte ihn neben Gizelle auf den Fußboden, damit sie Spülmaschine spielen konnte. Caitlin und John taten es mir nach. Wir lehnten uns auf unseren Stühlen zurück und saßen still da, hörten zu, wie Gizelle die Teller mit ihrer Zunge blank putzte.

Dann waren wir dran mit Abspülen. Einer nach dem anderen rissen wir uns aus unserem Essenskoma, nahmen die Teller vom Boden und stellten uns in eine Reihe, um sie abzuwaschen und zu trocknen, während Gizelle sich quer in die

236

Küche auf die Seite legte und uns den Zugang zum Spülbecken erschwerte. Niemand störte sich daran. Ich gab ihr noch ein winziges Löffelchen Eis, und dann war Schlafenszeit. *Bitte nicht*, dachte ich. Diese Nacht würde keinen normalen Tag beenden. Sie war der letzte Vorhang.

Caitlin und John stapelten Schaumstoffmatratzen auf den Boden ihres Büros, und wir legten sie mit jeder Decke und jedem Kissen aus, die wir finden konnten. Ich kroch auf das improvisierte Bett. »Komm, Gizelle, komm her!« Gizelle humpelte in das Zimmer, ihre Pfoten machten

tapp

tapp

tapp

tapp

auf dem Holzboden, bis sie das Bett erreicht hatte und sich fallenließ. Sie versuchte nicht mehr, zu traben. Sie schien sich zu jedem einzelnen Schritt entschließen zu müssen. Sie hatte in den vergangenen sieben Monaten tonnenweise Schmerzmittel bekommen, trotzdem schien sie Schmerzen zu haben. Ich wollte nicht, dass sie noch weiter litt.

Ich drückte eine Wange ans Kopfkissen und machte mit meiner Hand Kreise auf der Matratze neben meinem Gesicht. »Komm her, Mädchen.« Gizelle kroch zu mir und kuschelte sich an mich. Ihre Nase berührte meine, so dass ihr Atem mich wie eine Heizung wärmte. Ich vergrub mein Gesicht an ihrer Brust. Ich liebte Gizelles Geruch. Selbst ihren Atem fand ich seltsam beruhigend. Ich erinnerte mich an ihren Welpenatem, der nach warmer Honigmilch gerochen hatte, und an all die Düfte, die wir zusammen entdeckt hatten: das Marc-Jacobs-Parfüm Daisy, das die Erstsemester an der UT umwehte, die fettige Brise, die aus dem 99-Cent-Express-Pizzaladen waberte, der Urin im Tompkins-Square-Hundeauslauf, die frische

Luft auf dem Sugar Hill. Von allen Gerüchen, die wir in- und auswendig kannten, war ihr Atem derjenige, den ich am liebsten abgefüllt und aufbewahrt hätte.

»Gute Nacht, Mädels«, sagte Caitlin und steckte den Kopf in die Tür. Ich wandte mich von Gizelle ab und sah Caitlin mit nassen Augen an. Sie blieb im Türrahmen stehen und legte den Kopf schief, schenkte mir einen aufmunternden Blick. »Wenn Gizelle wild leben würde, wäre sie wahrscheinlich schon gestorben. Sie hätte sich zurückgezogen und wäre auf irgendeinem Feld eingeschlafen, nicht wahr?« Ich nickte langsam, konnte den Gedanken nicht ertragen. »Es ist an der Zeit«, sagte Caitlin. Genau wie Rebecca hatte sie eine so ruhige, sichere Art zu sprechen, die alles irgendwie in Ordnung erscheinen ließ. »Es ist die richtige Entscheidung, Lauren. Mach dir keine Gedanken.« Dann kam sie zu uns, um Gizelle zu streicheln. »Du bist der beste Hund der Welt, GG.« Dann löschte sie das Licht und schloss die Tür.

Ich schaltete die kleine Lampe neben uns an und holte mein Tagebuch aus meinem schwarzen Rucksack, drehte mich auf den Bauch und benutzte Gizelles Flanke als Schreibunterlage, wie immer.

6. Januar 2015

Gizelle weiß nicht, dass sie morgen sterben wird, aber so geht es wahrscheinlich jedem, oder? Ich will sie nicht verlieren. Gizelle hat mir beigebracht zu versuchen, so gut zu sein, wie sie glaubt, dass ich es bin. Sie hat mich gelehrt, nicht nur an mich zu denken. Gizelle hat mich nach Maine gebracht, mir ermöglicht, das Meer und die Küste zu sehen, zu lächeln, zu lachen und zu erkunden. Sie hat mir geholfen, mir in Erinnerung zu rufen, dass ich eine Entdeckerin bin, aber ich will das

weiterhin mit ihr zusammen sein. Meine Abenteuer werden
ohne sie so leer sein. Ich will mich nicht verabschieden müs-
sen.

Ich setzte mich auf in den Schneidersitz und beobachtete Gizelles Atem – laute Einatmer und Ausatmer, die mich an diesen tiefen, reinigenden Atem der Yogis erinnerten. Jedes Mal, wenn ich blinzelte, liefen mir Tränen die Wangen herunter. Ich rieb Gizelles Rücken nur mit den Fingerspitzen, wie Mom es immer bei mir getan hatte, mit ganz viel Zärtlichkeit.

Ich küsste die Spitzen meiner Finger und legte die Hand an die Stelle, die das Hinken verursacht hatte. »Ich weiß, dass es da ist. Ich weiß es«, versicherte ich ihr. »Bald tut es nicht mehr weh«, flüsterte ich schniefend. Die ganze Zeit hatte ich gehofft, sie würde mir vertrauen, dass ich wusste, was los war, und dass ich mein Bestes gab, ihr zu helfen. Dass ich es, auch wenn ich das vielleicht nicht immer perfekt hinbekam, so gut wie möglich machte und dass ich sie mehr als alles andere auf der Welt liebte. Ich schob meinen Kopf neben ihre Nase, nahm ihre Pfote und legte sie um mich, kuschelte mich an ihre warme Brust, bis sie den Kopf hob und auf meinem platzierte, wie ich es erwartet hatte, wie sie es immer tat und bis ans Ende aller Tage getan hätte. Wir schliefen ein.

Mein Wecker klingelte um sechs Uhr. Ich schaffte es nicht, den Kopf vom Kissen zu heben, um ihn auszuschalten, sondern wischte nur über das Handy, um ihn zum Schweigen zu bringen. Ich hatte einen Plan für Gizelles letzten Morgen, es sollte ein ganz besonderer werden. Sonnenaufgang am Strand – Januar in Maine. Wir würden eine kleine Abenteuerfahrt mit dem Auto unternehmen. Kaffee und Bagel holen, wie Mom und ich es immer getan hatten, und dann ein letztes Mal am

Strand sitzen und zusehen, wie der schwarze Himmel in ein winterliches, lavendelgetöntes Grau überging. Wir würden sehen, wie der Mond dem Morgen wich. Unsere letzte Nacht würde vor unseren Augen enden, wie eine Show.

Aber der Gedanke, mich aus Gizelles Pfoten und Gizelle aus ihrem Schlummer zu reißen, war überhaupt nicht verlockend. Außerdem klang es, als befände sich draußen die arktische Tundra. Kalte Maine-Winde heulten in den Bäumen, und Äste kratzten am Dach. Was würden wir tun? Elendig zittern an einem dunklen Strand … schon wieder? Würde es wirklich *so* zauberhaft sein?

Gizelle gab ihre absurden Schnarchgeräusche von sich; ihre Lefzen lagen flach auf meinem Kissen. »Gizelle, hallo, Gizeeeeeelllllle. Möchtest du den Sonnenaufgang sehen?«, flüsterte ich und berührte ihre Schnurrhaare mit dem Zeigefinger. Sie öffnete ein Auge, das andere war noch ins Kissen gedrückt, und sie schnarchte noch einmal länger und lauter als zuvor und warf mir dann einen Blick zu, der zu sagen schien: *Machst du Witze, Lauren? Wir sind doch* gestern *schon am Strand gewesen. Und du hast mich* gestern *erst zu unserem Anleger hinterm Frisbee's gebracht. Außerdem ist es saukalt draußen.* Also verlegte ich mich auf einen einfacheren, fortgesetzten Punkt auf Gizelles Liste: »Kuscheln«. Ich schaltete den Wecker aus, wickelte mich in ihre Pfoten, schob meinen Kopf wieder unter ihren, so dass ich so nah wie möglich an ihrem warmen Atem war, und wir schliefen wieder ein, ohne auch nur einen Hauch von Schuldgefühl. Wir schlummerten, bis mich um halb elf der Duft von Kaffee weckte.

Ich schlurfte mit verwuschelten Haaren in die Küche, wo Caitlin und John grüne Smoothies aus hübschen blauen Tassen tranken. Sie drückten mir einen in die Hand. Ich nahm einen kleinen Schluck, hatte aber keinen Appetit. Stattdessen beschäftigte ich mich wieder einmal mit Fleisch für Gizelle. Ich hatte eine letzte Wurst in der Metzgerei für sie ausgesucht. Nun erhitzte ich die gusseiserne Pfanne, und bald brutzelte die Wurst darin. Ich legte sie auf einen Teller, der einen schönen Rand aus blauen Hortensienblüten hatte. Dann stand ich mit der leeren Bratpfanne in der Hand da und überlegte, was ich noch darin zubereiten konnte. Was konnte ich noch für Gizelle tun, bevor sie uns verließ?

Caitlin und John hatten beide ihre Arbeitszeiten so gelegt, dass wir gemeinsam zum Tierarzt fahren konnten. Wir hatten eigentlich vorgehabt, Gizelle gleich morgens hinzubringen, aber dann überlegten wir es uns anders.

»Sollen wir nicht bis zum Nachmittag warten und versuchen, den Morgen mit GG zu genießen?«, schlug John vor. »Ich finde, wir sollten es nicht überstürzen.« Wir sahen hinunter zu Gizelle, die am Boden lag, und schwiegen einen Moment, als würden wir ihr Zeit geben, ihre Meinung kundzutun. Ich beschloss, an diesem Morgen nicht für sie zu antworten. Ich hielt den Mund und ging im Kopf Gizelles Liste durch, dachte an all das, was wir in ihrem kurzen, schönen Leben zusammen getan hatten.

Das College überlebt
Am Times Square gewohnt
Im East Village gewohnt
New Yorker Pizza gegessen
Ein Steak gebraten
Ein Hummerfestessen veranstaltet
Eine Bootsfahrt gemacht
Eis auf einem Steg gegessen
Woanders übernachtet
Gekuschelt

241

Auf Dächern getanzt
Den Central Park erkundet
Es bei Buzzfeed auf Platz 67 geschafft
Einen Kürbis geerntet
Gelaufen und gerannt
Ausflüge gemacht
Die Wellen am Strand beobachtet
Im Schnee gesessen

Ich hatte die Liste im Kopf, froh, dass ich immer alles aufgeschrieben hatte und das Leben nun auch auf diese vereinfachte Art betrachten konnte. Vielleicht musste das Leben gar nicht so kompliziert sein. Konnte es nicht einfach aus einer Liste ganz einfacher und zugleich sehr besonderer Dinge bestehen? Noch war ich nicht bereit, Gizelles Wunschliste ganz abzuhaken. »Gizelle, was meinst du?«, fragte ich mit hoher Stimme, die ein bisschen zitterte, während sie mit der Schnauze wie am Boden festgeklebt dalag und nur die Augen bewegte, um mich anzusehen.

»Möchtest du rausgehen, Gizelle? Komm, wir gehen raus.« John und ich halfen ihr auf die Beine, und John folgte uns nach draußen, trug ihr Hinterteil die eine Stufe in den winzigen Garten hinunter, der sich in eine Eiskunstlauffläche verwandelt hatte. Gizelle hatte Mühe, sich auf das Eis zu hocken.

»Fühlst du dich besser, Lady? Gut, Gizelle! Braves Mädchen!«, sagte ich zu ihr, als es ihr gelang, sich hinzustellen. Ich versuchte, mir meine Traurigkeit nicht anmerken zu lassen. Sie wedelte ganz leicht und hechelte ein wenig.

»BRAVES Mädchen!«, stimmte John zu.

»Super, Gizelle!«, wiederholten wir zusammen, feuerten sie an wie ein Kleinkind. Unsere Tonlage schraubte sich immer höher, und unser Atem war in der kalten Luft sichtbar. Eine

Träne lief mir übers Gesicht, aber wir sagten Gizelle immer wieder, wie toll sie war und wie sehr wir sie liebten. Wir wussten nicht, was wir in diesem Moment sonst tun konnten. Wir waren beide unheimlich traurig, wollten aber auch ein letztes Mal mit ihr im Garten sein. Wir wollten Gizelle nicht aufwühlen. Wir dachten nicht darüber nach, wie tapfer sie war. Gizelle wedelte mit dem Schwanz auf dem Eis. Ich klatschte in die Hände und weinte und sagte ihr gleichzeitig, was für ein gutes Mädchen sie war. Gizelle sprang ein letztes Mal aufgeregt in die Höhe und dann:

JAUL! JAUL! JAUL! JAUL!

Ihr gesundes Bein knickte um, und sie brach auf dem Eis zusammen. Entsetzt rannten wir zu ihr. Ihr ganzer Körper zitterte heftig, als wir ihr aufhalfen. Sie schüttelte sich. Dann ließ sie beschämt den Kopf hängen, wahrscheinlich war es ihr unangenehm, dass sie nicht mehr sein konnte, was sie sein wollte: Spielkameradin, Beschützerin, Laufpartnerin, Vertraute, Freundin. Auch John und ich senkten beschämt den Kopf – wir hätten es besser wissen müssen. Als John zu weinen anfing, machte mich das furchtbar traurig, aber zugleich spürte ich, welches Glück ich hatte, dass er in unser Leben getreten war. Ich wusste, wie sehr er Gizelle liebte, dass er jeden Tag von der Arbeit nach Hause kam, um sie zu sehen. Ich war so dankbar, ihn als Hundepaten zu haben, gewissermaßen als einen weiteren Vater von Gizelle. Mir war klar, auch die beiden hatten eine besondere Beziehung. »Alles gut, Mädchen. Alles gut«, flüsterte ich und rieb ihr die Ohren. Tränen liefen mir über die Wangen. Das war's. Es war an der Zeit, zum Tierarzt zu gehen. Ich hatte ihr so viel Protein, Autofahrten, Strandausflüge und Liebkosungen gegeben, wie ich konnte. Hätte es sich um meine Wunschliste gehandelt, hätte ich weitere Abenteuer mit Gizelle darauf geschrieben, mehr, mehr, mehr! Ich *brauch-*

te Gizelle! Aber es war natürlich Gizelles Liste, und sie hätte wahrscheinlich gesagt: »Okay, das war ein tolles Abenteuer! Danke! Ich hab dich lieb! Und jetzt lass mich gehen, Lauren! Lass los.«

Sie gehen lassen.

Das war das Einzige, was ich noch tun konnte.

Abgesehen von ein paar letzten Kleinigkeiten. Wir drehten die Heizung im Auto auf, damit es vorwärmte. Wir beschlossen, in zehn Minuten zu fahren. Wir packten ihren Napf weg, damit wir nicht nach Hause kommen und ihn ansehen mussten. Ich machte den Deckenberg sauber, um so wenige traurige Hundehaare wie möglich übrig zu lassen. Ich räumte ihre Tabletten und Leckerchen weg und wischte die Spuren ihrer Schnauze von den Schränken. Wir alle weinten abwechselnd in diesen zehn Minuten. Mir wurde deutlich, dass Gizelle nicht nur mein Leben beeinflusst hatte, sondern auch das von Caitlin und John. Es zeigte, was für Menschen die beiden waren – einige der freundlichsten, die ich je kennengelernt hatte. Nicht viele würden freiwillig den riesigen, todkranken Hund einer Bekannten hüten. Gizelle war mit einer tickenden Zeitbombe im Körper angekommen, und einer Apotheke, die alle zwei Wochen aufgefüllt werden musste. Die Tabletten daraus mussten sorgfältig in Erdnussbutter versteckt werden, damit die Patientin sie schluckte. Caitlin und John taten all das. Sie waren die besten Hundepaten, die eine junge Hundemutter sich wünschen konnte, und ich schickte ein Dankgebet zum Himmel, als wir versuchten, das Auto zu erreichen, ohne unterwegs zusammenzubrechen.

Ich hievte Gizelles Hintern auf die Rückbank, indem ich meine Füße schulterbreit aufstellte, die Bauchmuskeln anspannte und in die Knie ging. *Eins, zwei, drei, hopp!* Zum letzten Mal. Immer wenn ich das tat, fürchtete ich, ich würde sie fallen lassen, bevor wir den Sitz erreichten, aber das geschah nie. Sie so ins Auto zu wuchten gab mir das Gefühl, stark und mütterlich zu sein. Ich kletterte hinter ihr hinein. Sie machte es sich bequem und legte den Kopf in meinen Schoß. Meine Unterlippe zitterte. Als Caitlin die Pleasant Street entlangfuhr (die einen viel zu fröhlichen Namen trug), als wir uns aufmachten zum Tierarzt, begriff ich, was es heißt, »ein gebrochenes Herz« zu haben. Mein Herz tat fürchterlich weh; es fühlte sich an, als hätte jemand einen Gürtel drumherum geschnallt und zöge ihn stramm. Es war das schlimmste Gefühl, das ich je gehabt hatte. Ich beugte mich über Gizelles Kopf und kniff fest die Augen zu.

17
Weiterlaufen

ALS WIR BEIM Tierarzt ankamen, schien die Sonne stechend hell, blendete mich wie Stadionscheinwerfer. »Okay, Gizelle, mach dein Häufchen!«, schniefte ich, schlurfte über den Rasen vor der Tierarztpraxis und hauchte mir in die Hände, um sie warmzuhalten. Noch nie hatte ich so gerne draußen in der Kälte bleiben wollen.

Die Praxis betreten bedeutete, dass es zu Ende gehen würde, dass es bereits vorbei war. Reingehen hieß, dass es Lauren und Gizelle nicht mehr geben würde. Nur noch Lauren. Ich liebte es, Lauren und Gizelle zu sein. Ich wollte nicht nur *Lauren* sein. Ein großer Teil von mir wusste nicht einmal, wer das war. Gizelle ging auf den Eingang zu. Die Türen zogen uns hinein, hatten einen Sog wie eine Rückströmung. Plötzlich stand ich drinnen – und erinnerte mich nicht mal mehr daran, wie ich hineingelangt war.

»Ich komme mit Gizelle … Ich muss … Wir müssen … Es ist an der Zeit …« Ich brachte es nicht heraus. Meine Schluchzer klangen nun wie Schluckauf, ein kurzes, unterdrücktes Wimmern. Ein Mann in einem blauen OP-Kittel gab mir eine Taschentuchbox und stellte keine Fragen, schüttelte bloß mitfühlend den Kopf. »Es tut mir so leid. Hallo, Gizelle. Bitte folgen Sie mir«, sagte er sanft und führte uns in einen gedämpft beleuchteten Raum mit einem großen, schwarzen CD-Player und einer weichen, grauen Couch. Gizelle humpelte sehr langsam hinterher.

Es war die traurigste Wohnzimmernachbildung, die ich je gesehen hatte. Ich fragte mich, wie viele Herzen in diesem

Raum wohl schon gebrochen waren. Vor der Tür gab es einen Vorhang für mehr Privatsphäre, und jemand brachte dicke Decken, auf die Gizelle sich legen konnte. Aber sie hinkte merkwürdig entschlossen in eine Ecke des Raums, um sich dort niederzulassen. Sie beobachtete die Tür. Ich fragte mich, ob sie da schon auf dem Weg nach draußen war, ob sie sich einen Vorsprung verschaffen wollte. Ich hatte ihr einen Knochen mitgebracht, einen runden, steinharten Schweineknochen. Sie sah ihn an, kaute ihn aber nicht. Ich saß wie ein Accessoire, eine Requisite, neben ihr. Es wirkte, als sei sie zu vornehm, um sich nach dem Knochen zu bücken, als sei sie über alles Hündische, ja, auch über alles Menschliche, erhaben. Sie lag einfach da, den Kopf angehoben, den Blick auf die Tür gerichtet. Ich rief sie zu den Decken.

Wir drei versammelten uns um sie. Mein Gesicht war verschmiert vor Tränen und Rotz. Ich sah hinüber zum CD-Player und hatte Schuldgefühle, weil ich nicht Gizelles Songs, »I'm Every Woman« von Whitney Houston oder »For Once in My Life« von Stevie Wonder, mitgebracht hatte. Ich fragte mich, welche Lieder oder Geräusche auf dem CD-Player in diesem Pseudowohnzimmer schon gespielt worden waren. Aber die Stille fühlte sich richtig an. Ich saß da und hielt Gizelles Pfote, massierte sie sanft mit dem Daumen. »Alles gut, Mädchen. Alles gut, Mädchen«, wiederholte ich. Ich war mir nicht sicher, wem ich das sagte – mir oder meinem Hund.

Dann begann eine sehr gut erprobte, durchdachte Choreographie der Tierärzte, anders lässt es sich kaum bezeichnen. Sie betraten und verließen den Raum mit einer wohlüberlegten Reihe von Fragen und Erklärungen, immer ernst, aber ruhig. Sie schienen jeden Satz mit »Es tut mir schrecklich leid« zu beginnen, und es war gut, das immer wieder zu hören. Mir tat es auch schrecklich leid.

Sie fragten, ob wir wollten, dass Gizelle ein Beruhigungsmittel bekam, damit sie einschlafen konnte – noch nicht für immer, nur schlummern –, dann müssten wir uns keine Sorgen machen, sie könne sich in der Ecke verkriechen und gestresst sein, wenn sie mit »der Spritze« kamen. »Es tut mir schrecklich leid.« Entscheidungen waren zu treffen, auf die ich nicht vorbereitet war: Was mit Gizelles Körper geschehen solle, was für eine Urne ich wollte – wollte ich eine teure individuelle Verbrennung oder war eine mit mehreren Tieren in Ordnung für mich? »Es tut mir schrecklich leid.« Ich konnte diese Fragen nicht beantworten. Das Einzige, worauf ich meine Aufmerksamkeit richten konnte, war, diese letzten Minuten mit Gizelle auszukosten. Also ließen sie mich an der Stelle ein Häkchen machen, wo stand, dass sie mich in den nächsten Tagen anrufen würden, um alles zu besprechen. »Es tut mir schrecklich leid.«

Ich saß neben Gizelle auf dem Boden, massierte ihr die Ohren und bestaunte ihre Schönheit. Selbst am entsetzlich traurigen Ende ihres Lebens, als sie vor Schmerzen verkrüppelt war, war sie gleichzeitig mein mutiger, hängebackiger, wunderbarer, kurviger sanfter Riese – mein Tyrannosaurus Rex, Jumanji, Smart-Auto, Beowulf, Bär, Gorilla, Tiger, Riesenkahn, Heilige Scheiße, AHHHHH!!!, King Kong, Cujo, DER WAHNSINN. Meine hübsche gestromte Tochter von Dozer, die früher Angst vor Packpapier hatte, aber dann mutig genug war, um mit mir nach New York zu ziehen. Meine Therapeutin, beste Freundin, Vertraute und treue Bewahrerin jedes Geheimnisses, das ich ihr zwischen meinem neunzehnten und fünfundzwanzigsten Lebensjahr anvertraut hatte. Ich weiß, ich werde mich wieder verlieben, aber nicht in einer Weise, wie ich meine Hundertsechzig-Pfund-Hundedame geliebt habe.

Die Tierärztin gab ihr das Beruhigungsmittel und wickelte ihre Pfote in einen rosa Verband. Unwillkürlich freute ich mich über die Farbe. »Das ist noch nicht das Ende«, versicherte sie. »Gizelle wird jetzt ein schönes Nickerchen halten. Sie wird einschlafen, und dann mache ich den Rest. Es tut mir so leid, Leute.«

Ich nickte. *In Ordnung.* Eine meiner Hände lag auf dem Boden neben Gizelles Pfote, mit der anderen streichelte ich sanft ihren Kopf. Ich sah zu, wie sie sehr schläfrig wurde. Sie atmete langsamer, und ihr Körper wirkte insgesamt schwerer, auch wenn man sich das kaum vorstellen kann, so, als würde sie in den Boden sinken. Ihre Augenlider begannen zu flattern. Gerade als ich glaubte, sie würde einschlafen und das wäre es dann, hob sie ihren großen Kopf noch einmal und legte ihn in meine Hand, und da blieb er – wie immer berührte ein Teil von ihr einen Teil von mir. Da war es aus mit mir. Ich wimmerte nicht mehr, ich schluchzte. Ich hielt ihren ganzen großen Kopf in einer Hand, sein Gewicht drückte gegen meine Finger. »Es ist okay, Lauren. Alles ist gut.« Ich hätte schwören können, dass sie das sagte. Ich spürte, wie ihr Atem meine Handfläche befeuchtete. Er verlangsamte sich immer mehr, bis ich nur noch eine leichte Welle heißer, feuchter Luft an den Fingerspitzen wahrnahm, die kam und ging wie die Wellen an den Strand.

Die Tierärztin holte die Spritze hervor. »Sie wird keine Schmerzen haben«, sagte sie. »Aber bevor ich irgendetwas tue, möchte ich Sie warnen: Man weiß vorher nie genau, was passiert, wenn sie stirbt. Vielleicht entleert sie ihren Darm oder ihre Blase, vielleicht zittert sie ein wenig. Aber Schmerzen hat sie nicht. Wenn ich ihr die Spritze gebe, hört ihr Herz innerhalb von etwa zwölf Sekunden auf zu schlagen. Es tut mir so leid. Aber Sie brauchen sich keine Sorgen zu machen. In Ordnung?« Ich nickte, das Gesicht schmerzverzerrt. Gizelles

Kopf lag in meiner Hand. Es war schwer zu fassen, dass ich tatsächlich zugestimmt hatte, Gizelles empfindsames Herz zu stoppen. Was war daran in Ordnung?

Die Tierärztin setzte mit einer Hand die Spritze und hielt ihr Stethoskop an Gizelles Brust, hörte ihren Herzschlag ab. Ich stellte mir vor, der Herzschlag eines Mastiffs klänge wie eine tiefe, edle Trommel. Ein Teil von mir wünschte, ich könnte hören, was die Ärztin hörte. Wie ein Herz aufhörte zu schlagen, wie unsere gemeinsamen Abenteuer endeten. Diese zwölf Sekunden erschienen mir wie eine Ewigkeit. Mein ganzes Erwachsenenleben lief vor mir ab wie eine Bilderserie. Die über das Steuer in Moms Auto ausgebreitete Zeitung. Eine glücklichere Zeit mit Mom, in der sie mir heimlich einen riesigen Welpen gekauft hatte. Wie das Fußballtor mit Fatty daran über das Feld flog. Unsere erste Wohnung in Manhattan mit dem gewellten Boden. Dampfende Haufen am Times Square. »Splish Splash, I was takin' a bath« im Hinterhof von Rio. Über den Laufsteg im Tompkins-Square-Auslauf stolzieren. Weinprobe mit Conner. Tanzen. Kuscheln. Ausflüge. Rennen.

Ich sah zu, wie die Flüssigkeit aus der kleinen Spritze in Gizelles massigen Körper floss, und während sie hineinlief und Gizelles Leben aus ihr wich, nahm sie etwas von meinem fünfundzwanzig Jahre alten Ich mit sich. Der heiße, feuchte Atem, der aus Gizelles Nase kam, wurde noch langsamer, und ihr Kopf wurde schwerer, ohne ihren Geist, zerbrechlich in meiner Hand. Sein Gewicht presste meine Knöchel gegen den Boden. Und dann stoppte es. Ihr Herz hörte auf zu schlagen.

Es wurde still im Raum.

»Okay, es ist vorbei. Lassen Sie sich Zeit«, flüsterte die Tierärztin und presste die Lippen zusammen. Sie steckte langsam ihr Stethoskop in die Tasche, senkte den Kopf und streckte die Hand aus, um Gizelle ein letztes Mal zu berühren. Vorsichtig zog ich meine Hand unter Gizelles Kopf weg. Es war unglaublich, wie leer sich der Raum unmittelbar danach anfühlte. In einem Moment war noch Leben in ihrem Kopf in meiner Hand, Gizelle atmete, und eine Sekunde später nicht mehr. Ihr Fortgehen, das Ende ihrer Gegenwart, war so stark und bedeutsam, als wäre sie abgetreten wie ein Tasmanischer Teufel, als hätte sie einen Satz aus dem unechten Wohnzimmer heraus gemacht, wäre durch das Büro der Tierärztin und im wilden Lauf durch die Eingangstür gerannt, auf zu ihren nächsten Abenteuern. Das Verschwinden ihres Geistes war überdeutlich – als ich wieder auf ihren massigen physischen Körper am Boden sah, wusste ich ohne Zweifel, dass Gizelle nicht darin war. *Wohin ist sie gegangen?*, fragte ich mich. Es war in etwa so, als hätte man gerade noch etwas in den Händen gehabt, es dann abgelegt und könne sich nicht mehr erinnern, wo, man weiß nur, dass es gerade noch da war. Man weiß, dass es sich nicht in Luft aufgelöst hat. Gizelle hatte sich nicht in Luft aufgelöst. Ich habe gespürt, wie sie weggerannt ist, wirklich. »Lassen Sie sich Zeit«, wiederholte die Tierärztin, während sie in der Tür stehenblieb. Diesmal musste sie nicht sagen, dass es ihr leidtat.

Ich wollte raus aus diesem Raum. Gizelle war *nicht* mehr dort. Also stand ich rasch auf und ging hinaus; wieder liefen mir Tränen über die Wangen. Ich drehte mich um und warf einen letzten Blick auf ihren großen, leeren Körper, dann schloss sich die Tür hinter mir.

Ich hatte keine Pläne für den Nachmittag gemacht. Mein Bus zurück nach Manhattan fuhr erst einige Stunden später. Es war hart, bei Caitlin und John zu Hause zu sein, denn das erinnerte mich nur an Gizelle. Die beiden gingen irgendwann zur Arbeit. John war so traurig, dass er etwas brauchte, das ihn ablenkte, wie er sagte. Caitlin nahm mich mit auf einen Kaffee zu Lil's. Wir saßen schweigend an einem Tisch am Fenster und versuchten zu verarbeiten, was geschehen war.

Dann musste auch sie zur Arbeit. Ich war mir selbst überlassen. Ich probierte es mit einem Spaziergang ins Zentrum von Portsmouth, aber der kalte Wind war so stark, dass es sich anfühlte, als bekäme ich Stromschläge ins Gesicht. Ich ging über die World-War-I-Memorial-Bridge von Kittery nach Portsmouth, aber nach etwa einem Drittel des Weges merkte ich, dass ich es nicht konnte. Ich wollte niemanden um mich haben, eigentlich nicht einmal mich selbst, also drehte ich um. Ich brauchte die Gegenwart von etwas, das größer war als ich selbst, als mein Kummer. Also fuhr ich nach New Castle, New Hampshire, ans Meer.

Ich war diese Strecke schon mehrmals mit Gizelle gefahren. Als ich ankam, sah ich einen schwarz-weißen Leuchtturm zu meiner Linken und einen zweiten, alten verwitterten braunen Leuchtturm zu meiner Rechten im Wasser vor mir. Der Himmel war blau, wie Genie aus *Aladdin*. Ich stand auf ein paar Felsen oberhalb des Strandes. Es gab kaum Wellen, nur eine leichte Kabbelung. Keine Boote oder Vögel in Sicht. Alles war ruhig. Man könnte meinen, ich hätte inzwischen genug geweint, dass vielleicht auch ich für einen Moment ruhig war. Nein, nein, nein, ganz und gar nicht.

Ich heulte in Richtung Meer. Ein heftiger Schrei. Ein Schrei, der klang wie das Keuchen, nachdem ich Treppensprints gemacht hatte und keine Luft mehr bekam. Ich schloss die Augen fest. Der eisige Wind schlug mir ins Gesicht, und ich wunderte mich, dass ich überhaupt noch Tränen übrighatte. Ich verschränkte die Arme vor der Brust, und für einen Moment bekam ich keine Luft. Ich presste die Arme an meinen Körper. Ich wurde überrannt von so vielen verschiedenen Gefühlen: Schmerz und Wut, Trauer und Verwirrung. Aber dann empfand ich etwas, das ich nur so beschreiben kann: Wenn ich die Augen schloss, konnte ich Gizelle sehen, als würde sie direkt vor mir laufen. Sie rannte, so schnell sie konnte, schneller, als ich sie je habe rennen sehen. Sie war frei: Die Zunge hing ihr aus dem Maul, das weit geöffnet war, damit man ihre schönen weißen Zähne sehen konnte. Sie befand sich auf einem Feld mit lila Blumen. Ich öffnete meine Augen leicht, und die Spannung wich aus meinem Körper. Ich hatte aufgehört zu weinen. Ich weiß nicht, wann, aber so war es. Ich atmete durch. Ich konnte wieder atmen.

Mein Bus nach Manhattan ging nach wie vor erst in ein paar Stunden. Das Mietauto war gepackt mit meinem Kram, und ich überlegte, was ich als Nächstes tun sollte. Der Gedanke an ein weiteres Hummerbrötchen oder noch einen Donut bei Congdon's verursachte mir Übelkeit. Ich hatte keinen Hunger. Ich hatte keinen Durst. Ich wollte mit niemandem sprechen. Wie sollte ich mein nächstes Kapitel beginnen, ohne Gizelle? Als ich über das stille Meer sah, wurde mir klar: Ich musste wieder das tun, was ich konnte, das, was sich natürlich anfühlte, was in meinen Körper eingeschrieben war und mir am meisten das Gefühl gab, ich selbst zu sein.

Ich stieg wieder ins Auto und fuhr die Küste entlang, auf der Suche nach einem Parkplatz. Im Becherhalter waren immer noch Hundehaare, und ich blickte nach wie vor regelmäßig in den Rückspiegel, um nach Gizelle auf der Rückbank zu sehen. Aber da war keine Gizelle, der einzige Beweis für unsere Abenteuer waren die Haare im Becherhalter. Ich fuhr weiter. Schließlich parkte ich auf dem leeren Parkplatz eines Motels, zog noch ein Paar Leggings über, eine Jacke und schnürte meine Laufschuhe. Ich war der einzige Mensch dort. Es war fürchterlich kalt, aber sonnig. Damals war es mir nicht klar, aber eigentlich hatte ich bekommen, was ich wollte: Ich reiste wieder allein. Völlig auf mich gestellt. Irgendwo an der Küste von New England, über tausend Meilen von Brentwood entfernt und dreihundert Meilen von Manhattan. Und Gizelle hatte mich dorthin gebracht. *Ist es das, was du wolltest, Mädchen?*, dachte ich. Ich sah hinunter auf meine Laufschuhe und wusste genau, was sie gewollt hätte.

Ich rannte.

Ich rannte den leeren Strand entlang, und die kalte Luft drang ungehindert durch meine zwei Leggings und die Handschuhe. Es war so kalt, dass es weh tat. Aber dieser Schmerz löschte für einen Moment den Schmerz in meinem Herzen aus. Es war, als würde der kalte Wind meine Haut durchbohren und in meine Ohren und meine Lunge hinunterbrausen und die Trauer und den Schmerz wegblasen. Ich nahm mir vor, eine Meile zu laufen. Eine Meile war nicht viel. Klar, der Wind stach mir ins Gesicht, die kalte Luft quetschte noch mehr Tränen aus meinen Augen, und der Sand unter meinen Füßen war rutschig. Aber wenn ich es schaffte, eine Meile zu laufen, was konnte ich dann noch alles erreichen?

Ich dachte daran, was es braucht, um die letzte Meile eines Marathons zu laufen, die sechsundzwanzigste, wenn man wirklich erschöpft ist und nicht mehr laufen will. Man ist sich nicht sicher, ob man es schafft, aber man setzt weiter einen Fuß vor den anderen und muss glauben, dass man es schaffen kann, denn sobald man denkt, es geht nicht, ist es vorbei. Und wenn man dann beschlossen hat, dass man es packen wird, dass man weiterlaufen wird, egal, wie hart es ist, dann passiert etwas Wunderbares. Dann ist es, als würde eine höhere Macht einspringen und sagen: *Komm, ich laufe diese Meile für dich.* Und plötzlich sprintet man, man sprintet in einem Moment, in dem man es für unmöglich gehalten hat, schneller, als man es sich je hätte vorstellen können. Das ist Magie.

An jenem Tag am Strand empfand ich etwas Ähnliches. Ich lief eine Meile, obwohl es hart war. Ich lief die Meile, obwohl ich am Boden zerstört war. Ich lief die Meile, um mir zu beweisen, dass ich weitermachen konnte, auch wenn gerade nichts leicht war. Und da passierte es: Gegen Ende meines Laufs an dem leeren Strand blickte ich hinunter auf meine Füße und sah im Sand die Spur von ein paar sehr großen Pfoten.

Epilog
Für immer in meinem Herzen

Der 6BC-Garten an der East Sixth Street

NACHDEM GIZELLE NICHT mehr da war, kam Caitlin Rebecca und mich in unserer neuen Wohnung auf der Avenue C im East Village besuchen. Es war Ende Januar – eine kalte und trostlose Zeit in Manhattan. Wir trugen dieselben warmen Mäntel (da soll noch einer sagen, dass wir nicht alle dankbar waren für meine Zeit bei Gap) und gingen in das gemütliche französische Restaurant Lucien, das seine Gäste für einen Abend ins Siebte Arrondissement entführt. Als wir die Fourth Street überquerten, fing es an zu schneien. Zarte Schneeflocken rieselten vom Winterhimmel und lösten sich auf, kurz bevor sie den Boden berührten. Sie schwebten um uns herum, als wir darüber sprachen, wie sehr wir Gizelle vermissten, wie schön sie mit ihrem gestromten Fell im Schnee ausgesehen hatte.

»Es ist komisch«, sagte ich. »Ich habe die ganze Zeit das Gefühl, sie bei mir zu haben. Ich spüre ihre Gegenwart sogar jetzt, als würde sie neben uns gehen.« Ich streckte den Arm aus, wie um ihre Leine zu halten, und stellte mir vor, dass sie uns folgte, um an diesem kalten Winterabend in New York Steak mit Pommes frites, Rotwein und Muscheln mit uns zu genießen. Sie würde ihren Kopf auf den Tisch legen und uns anlächeln.

»Mir geht es genauso«, sagte Caitlin. »Sie ist definitiv da. Aber weißt du, was mich wirklich an Gizelle erinnert?« Als ich meine Mütze abnahm, um den Manhattan-Schnee auf dem Kopf zu spüren, sagte Caitlin etwas, das ich nie vergessen werde.

»Du, Lauren. Du erinnerst mich an Gizelle.« Ich strahlte.

»Wenn ich mit dir zusammen bin, habe ich das Gefühl, auch mit Gizelle zusammen zu sein.«

Ich legte eine Hand an mein Herz. Dorthin, wo Gizelle jetzt lebte. In mir, so dass ich sie überallhin mitnehmen konnte.

Ich steckte mitten in der Arbeit an diesem Buch, als Mom mich aus dem Entzug auf einer Ranch irgendwo in Tennessee anrief. »Hallo, Süße«, sagte sie. Sie hatte nur sieben Minuten Telefonzeit. Ich konnte den Timer ticken hören.

»Hallo, Mom«, antwortete ich und verkrampfte etwas. Ich atmete tief durch. Im letzten Jahr hatte ich sie vielleicht einmal an Weihnachten gesehen und seit einigen Monaten nicht mit ihr gesprochen. Ich fragte mich, welche Version meiner Mutter am Telefon war. Ich vertraute ihr nicht und hatte nach wie vor Schwierigkeiten, ihre Abhängigkeit zu verstehen, bemühte mich immer noch mit den Höhen und Tiefen zurechtzukommen, die eine Beziehung zu ihr, aber auch der Versuch, diese Beziehung abzubrechen, mit sich brachten.

»Hier ist es wunderbar«, sagte Mom. »Es gibt hier ganz viele Hunde. Sie folgen mir überallhin, Fernie. Ich stehe morgens um halb sechs auf, vor allen anderen, um einen Spaziergang über das Gelände zu machen, und ich sage dir, die Hunde warten auf mich! Sie warten vor meiner Tür. Am liebsten würde ich jeden einzelnen von ihnen mit nach Hause nehmen, ernsthaft. Aber ich weiß, dass ich das noch nicht kann.«

Ich atmete aus. »Das ist echt süß, Mommy.«

»Ein Hund hier heißt Dixie«, fuhr sie aufgeregt fort. »Wenn man mit der Hand so eine Geste macht und *BUH* sagt, legt sie sich auf den Rücken und rollt zur Seite. Das ist total witzig! Dixie ist echt schlau.« Sie wurde ernster. »Ich rede mit Dixie. Sie hört mir zu.«

Ich hatte keinen Zweifel daran, dass Dixie Mom zuhörte, wie sie sagte. Und der Gedanke daran, dass dieser Hund meiner Mom zuhörte, sie liebte, all diese Menschen im Entzug liebte, und es ihm völlig gleichgültig war, wie ihre Vergangenheit aussah oder welche Kämpfe sie täglich zu bestehen hatten, reichte aus, um mir Tränen in die Augen zu treiben. Ich atmete noch einmal durch und konzentrierte mich wieder auf unser Gespräch. Der Großteil unseres seit sechs Monaten überfälligen, siebenminütigen Gesprächs konzentrierte sich auf die Hunde in der Entziehungskur. Und das war in Ordnung so.

Es hatte eine Zeit gegeben, in der ich meiner Mutter Dinge gewünscht habe, die sie für mich nie gewollt hätte. *Sperrt sie ein! Bestraft sie! Schickt sie für immer weg!* Mir war nicht klar, dass der einzige Mensch, den diese Gedanken und dieser Groll verletzten, ich selbst war. Also habe ich es anders versucht: damit, Mom zu lieben. Und ich habe festgestellt, dass es für alle, mich eingeschlossen, viel einfacher ist, sie zu lieben, anstatt weiter wütend auf sie zu sein. Sie zu lieben heißt nicht, ihr in die Arme zu rennen. Sie zu lieben heißt, Distanz zu wahren. Ich kann auf Abstand gehen, um selbst nicht aus der Bahn geworfen zu werden. Aber ich werde sie immer lieben, egal, ob sie gerade nüchtern ist oder nicht. Ich werde den Hunden in diesem Punkt vertrauen: Liebe funktioniert am besten, wenn sie bedingungslos ist. Also tue ich mein Bestes, Mom ohne irgendwelche Vorbehalte zu lieben. Ich versuche, meine Forderungen an sie zu minimieren, für sie zu beten, sie loszulassen und darauf zu vertrauen, dass sie alles immer so gut gemacht hat, wie sie konnte.

Was ich gelernt habe, ist, dass ich glücklicher bin, wenn ich den Kummer, den ich wegen meiner Mutter empfunden habe, nicht weiter mit mir herumtrage. Manchmal stelle ich mir mein Herz wie den kleinen Koffer vor, mit dem ich um die Welt reisen möchte. Darin ist nicht genug Platz für alles. Also muss ich sorgfältig und klug auswählen. Ich könnte die Schmerzen mitnehmen, die ich in der Vergangenheit empfunden habe, besonders wegen Mom. Ich könnte all diesen Kummer einpacken und mit auf mein Abenteuer schleppen – aber das ist ganz schön schwer. Und ich hoffe, dass niemand meine Unzulänglichkeiten und Fehler mit sich herumschleppt und zulässt, dass diese Fehler seine Abenteuer beeinträchtigen. Also versuche ich, nur die Dinge mitzunehmen, die ich an meiner Mom liebe – ihren schrulligen, kindlichen Geist, ihre positive Einstellung, ihre Tierliebe, ihre Liebe zu mir. Dass sie diejenige war, die mir Gizelle geschenkt hat, Gizelle, die mich beschützt hat. Gizelle, meine beste Freundin.

Beim Schreiben habe ich Gizelle immer um mich gespürt, zu meinen Füßen oder mit der Schnauze auf meinem Computer. Ich vermisse sie schrecklich, aber wenn mich dieses Gefühl überkommt, lege ich eine Hand an mein Herz und weiß, dass Gizelle immer bei mir ist. Und wenn ich es schaffe, mich so zu verhalten wie Gizelle, meine große Hündin mit dem breiten, schönen Lächeln und dem riesigen Herzen, dann habe ich es geschafft. Wenn es mir gelingt, mein Leben in ihrem Sinne und mit der bedingungslosen Liebe zu führen, die sie mir entgegenbrachte. Mit der Fähigkeit, im Augenblick zu leben, die kleinen Dinge zu genießen und jeden Tag wie einen Neuanfang anzugehen, ein neues Abenteuer, egal, wo auf der Welt ich mich befinde oder womit ich gerade zu kämpfen habe. Ja, mit der bedingungslosen Liebe und dem freien Geist eines Hundes zu leben – das wäre ein Traum.

Dank

Um dem Listenthema treu zu bleiben, habe ich eine Liste von Menschen (und Tieren) geschrieben, die mir geholfen haben, diesen Traum wahr werden zu lassen. So viele haben mich beim Schreiben, Redigieren und Leben dieser Geschichte unterstützt, und ich möchte ihnen allen herzlich danken.

- Meiner Hündin, die all dies möglich gemacht hat, meine beste Freundin Gizelle. Ich wusste immer, dass du für immer und ewig in meinem Herzen weiterleben würdest, aber ich hätte mir nicht träumen lassen, dass ich dich einmal mit anderen teilen würde.

- Meinem wunderbaren Agenten David Doerrer. Danke, dass du als Erster an mich und diese Geschichte geglaubt hast, bevor ich selbst überhaupt wusste, was daraus werden würde. Danke an Steve Ross und alle anderen bei Abrams.

- Karyn Marcus dafür, dass sie dieses Buch lektoriert hat, mir endlose Ermutigungen und Geduld geschenkt hat. Danke, dass du etwas in mir gesehen und mich gelehrt hast, nicht so viele Ausrufezeichen zu benutzen.

- Christine Pride, weil du mit deinem Expertenblick eingesprungen bist und uns über die Ziellinie gebracht hast.

- Sydney Morris dafür, dass du all meine Fragen so engagiert beantwortet und mir geholfen hast, mich durch Tausende von Gizelle-Fotos zu wühlen.

- Allen bei Simon & Schuster dafür, dass ihr an Gizelle geglaubt habt und mir eine Chance gegeben habt, besonders Jonathan Karp, Richard Rhorer, Dana Trocher und Elizabeth Gay.

- Dad für deine Geduld und Liebe. Danke, dass du meine Träume immer so behandelt hast, als wären es deine eigenen, und dass du mir ein Dach über dem Kopf gegeben hast, während ich an diesem Buch geschrieben habe. LOL.
- Tripp, du bist der am härtesten arbeitende, lustigste Mensch, den ich kenne, und ich hab dich lieb.
- Erisy, es ist ein großes Glück, eine kleine Schwester zu haben, die ich so sehr bewundere. Du machst einen besseren Menschen aus mir.
- Meiner Schwägerin, die wirklich zur Familie gehört. Ich weiß nicht, was ich ohne dich tun würde.
- Meiner Rebecca dafür, dass du mir immer zuhörst und mich daran erinnerst, dass alles okay ist. Ich glaube, diesmal haben wir es richtig gemacht.
- Meiner Großmutter Joy Hafner Bailey (alias Gandy / Twerp), du bist der Grund, weshalb ich angefangen habe zu schreiben. Ich hab dich lieb, und wie.
- Tante Poopers für deine Ehrlichkeit.
- Tante KK dafür, dass du meine erste Leserin warst und die Erste, die ein Exemplar dieses Buches vorbestellt hat (und für alles andere).
- Tante Laurie, weil du Gizelles größter Fan bist.
- Tante Lele für deine unermüdliche Hilfe.
- Paula dafür, dass du als Erste die ersten Kapitel gelesen hast.
- Der Straney-Familie für eure Unterstützung und dafür, dass ihr Gizelle geliebt habt, als gehöre sie zu euch.
- Katie und James (und eurem Mastiff Toby G): Danke, dass ihr euch mit so viel Liebe um Gizelle gekümmert und die perfekte Methode gefunden habt, um ihr ihre Tabletten zu geben. Danke für eure Unterstützung.
- Kimmy, danke für die Michael-Jackson-Tanzpartys mit Gizelle im Central Park und dafür, dass du aus Spaß mit mir

die Aufzüge am Times Square rauf- und runtergefahren bist. Danke, dass du dich um Gizelle und mich gekümmert hast.

- Der Beesley-Familie für eure Hilfe mit Gizelle und unserem Umzug nach New York.

- Gizelles liebsten »Tanten und Onkeln« in New York, die so viel für uns getan haben:

    Elan und Ashley (und Nacho, den Gizelle leider nie kennengelernt hat)

    Maggie, Alex und Moxie Waffles Berman

    Danielle Owen

    Lucy Ballantyne

- Cullen Thomas, dass du der jungen Frau aus deinem Schreibkurs geholfen hast, die dir an einem Samstagmorgen eine panische E-Mail schrieb, weil ihre Geschichte einschlug wie eine Bombe und sie nicht wusste, was sie tun sollte. Danke, dass du mir als Erster gesagt hast, meine Geschichte habe Potenzial und ich könne es schaffen.

- Meiner besten Freundin aus der Highschool, Kelley, und ihrem Bruder Mitch, die ihre schöne Mutter Patti Strange viel zu früh verloren haben. Kelley, deine Stärke macht mir Mut.

- Meghan und der Meehan-Familie.

- Lara Alammedine und Daniel Dubiecki, danke, dass ihr Gizelle und mich unter eure Fittiche genommen und mir ermöglicht habt, unsere Geschichte auf die große Leinwand zu bringen.

- Allen bei Odd Lot Entertainment, insbesondere Rachel Shane und GiGi Pritzker.

- Andy Cochran.

- Meinem Filmagenten Brad Rosenfeld dafür, dass du es möglich gemacht hast.

- Mark Turner für seine Hundeliebe.

- Norman Dwek dafür, dass du dein Zuhause mit mir geteilt hast.
- Danke an all die wunderbaren Menschen, die mir geschrieben, sich mit mir angefreundet oder Gizelles Geschichte im Januar 2015 geteilt haben, und an all die Hunde, die sie dazu inspiriert haben. Ihr habt mein Leben verändert.
- An Pamela Ann Brummet (und ihren geliebten Hund Jackson), eine aufmerksame Unbekannte und talentierte Künstlerin, die mir ein wunderschönes Gemälde von Gizelle geschickt hat.
- Den English-Mastiff-Gruppen bei Facebook, besonders der Gruppe »Drool is Cool«. Ein Buch über Gizelle zu schreiben, ohne dass sie da war, war manchmal ganz schön traurig. Aber immer wenn ich mich bei Facebook anmeldete und mich durch die Posts las, gab mir das die Mastiff-Liebe, die ich brauchte. Ihr seid die besten Hundebesitzer, die ich kenne.
- Meinem neuen Rettungshund Bette. Du kaust gerade an meinem Arm und machst das Tippen schwierig, und manchmal könnte ich schwören, dass du Piranha-Gene in dir hast, aber ich liebe dich. Danke, dass du diesen einen Fleck in meinem Herzen füllst und dass du mich Geduld lehrst.
- Zum Schluss und ganz besonders möchte ich meiner geliebten Mommy danken. Mom, danke für deine Liebe und Großzügigkeit. Ich liebe dich. Ich vermisse dich. Jeden Tag bete ich dafür, dass du einen guten Tag hast. Ich hoffe, du weißt, wie wunderbar du bist.
- An alle, die mit Abhängigkeit zu kämpfen haben: Ich hoffe, ihr findet ein Licht außerhalb des Chaos und jede Menge, wofür ihr dankbar sein könnt.

Miriam Elia / Ezra Elia
Das Tagebuch von Edward dem Hamster
1990 – 1990
Aus dem Englischen von Sibylle Meyer
Band 51310

Montag. Mein Name ist Edward, und ich bin ein Hamster.
Dienstag. Heute kam der Tierarzt. Er hat mich angefasst.
Offenbar bin ich eine Frau.
Mittwoch. Doch keine Frau. Ich habe nachgesehen.
Donnerstag. Habe heute beschlossen,
das Rad nicht mehr zu benutzen.
Freitag. Sie können mir die Freiheit nehmen,
aber niemals die Seele …

In seinem erschütternden Tagebuch beschreibt Edward sein
Dasein zwischen Käfigstäben und Futternapf.

Das gesamte Programm gibt es unter
www.fischerverlage.de

fi 51310 / 2

Maike van den Boom
Wo gehts denn hier zum Glück?
Meine Reise durch die 13 glücklichsten Länder der Welt
und was wir von ihnen lernen können
352 Seiten. Gebunden

Maike van den Boom reist in die 13 glücklichsten Länder
der Welt. Von Australien über Panama bis Island entdeckt
sie einen anderen Umgang mit der Zeit, mehr Vertrauen,
Respekt, mehr Konsens, mehr Gelassenheit und Humor,
einfach ein unerschütterliches Wir-Gefühl.

»Wenn Sie möchten, dass das Glück länger bei Ihnen verweilt
als nur auf eine Tasse Kaffee, dann bieten Sie ihm etwas mehr
an als fünf Minuten Pause, eine Woche Urlaub oder zwei
Mal wöchentlich Sport. Die Menschen in den glücklichsten
Ländern der Welt haben mir gezeigt, wie wir das Glück dazu
überreden können, unser Leben dauerhaft zu begleiten.«

Das gesamte Programm gibt es unter
www.fischerverlage.de

fi 2-2297 / 1